编委会

主　编　朱　强　曾继娟

副主编　李小伟　李亚鑫　王　丽　王亚妮

编写人员

朱　强：林木资源高效生产全国重点实验室，宁夏大学生命科学学院

曾继娟：林木资源高效生产全国重点实验室

李小伟：宁夏大学农学院

李亚鑫：大武口区林业技术推广服务中心

王　丽：宁夏绿创林业有限公司

王亚妮：宁夏森林病虫防治检疫总站

李小龙：宁夏大学附属中学

王娅丽：林木资源高效生产全国重点实验室

刘　静：林木资源高效生产全国重点实验室

南　雄：林木资源高效生产全国重点实验室

田　英：宁夏农林科学院林业与草地生态研究所

余泽龙：宁夏林业研究院股份有限公司

陈金莲：泾源县林业技术推广服务中心

王继飞：宁夏南华山国家级自然保护区管理处

刘　超：宁夏罗山国家级自然保护区管理局

李静尧：宁夏贺兰山国家级自然保护区管理局

胡永强：宁夏六盘山国家级自然保护区管理局

宁夏外来及入侵植物图鉴

朱　强　曾继娟　主编

黄河出版传媒集团
阳　光　出　版　社

图书在版编目（CIP）数据

宁夏外来及入侵植物图鉴 / 朱强，曾继娟主编. --
银川：阳光出版社，2023.3
ISBN 978-7-5525-6764-9

Ⅰ. ①宁… Ⅱ. ①朱… ②曾… Ⅲ. ①外来入侵植物
－宁夏－图集 Ⅳ. ①Q948.524.3

中国国家版本馆CIP数据核字（2023）第046221号

宁夏外来及入侵植物图鉴　朱　强　曾继娟　主编

责任编辑　李少敏
封面设计　赵　倩
责任印制　岳建宁

黄河出版传媒集团
阳　光　出　版　社　出版发行

出 版 人　薛文斌
地　　址　宁夏银川市北京东路139号出版大厦（750001）
网　　址　http：//www.ygchbs.com
网上书店　http：//shop129132959.taobao.com
电子信箱　yangguangchubanshe@163.com
邮购电话　0951-5047283
经　　销　全国新华书店
印刷装订　宁夏凤鸣彩印广告有限公司
印刷委托书号　（宁）0025827

开　　本　880 mm × 1230 mm　1/16
印　　张　15
字　　数　230千字
版　　次　2023年3月第1版
印　　次　2023年3月第1次印刷
书　　号　ISBN 978-7-5525-6764-9
定　　价　88.00元

前 言

宁夏地处我国西部，位于黄河上游，东邻陕西省，西部、北部接内蒙古自治区，南部与甘肃省相连，是黄土高原、蒙古高原和青藏高原的交会地带，历史上曾是东西部贸易的重要通道和古丝绸之路必经之地。近年来，随着"一带一路"建设的不断深入和内陆开放型经济试验区的建立，宁夏外贸和物资交流日益频繁，外来植物有意或无意传播的机会也迅速增多，给本就脆弱的生态环境带来了潜在的危害和风险。

开展外来植物的调查和编目，查明宁夏外来及入侵植物的种类、分布和危害，是预防和控制外来及入侵植物的基础性工作。林木资源高效生产全国重点实验室长期致力于外来植物的研究，多年来根据可能的传播途径，通过大量的实地调查、文献查阅、标本比对等方法，针对不同生境类型对宁夏外来及入侵植物的种类、分布、传入方式及传播途径等进行了全面深入的调查研究，获得了丰富的第一手资料，精心编著了本书。

《宁夏外来及入侵植物图鉴》介绍了宁夏外来及入侵植物180种，隶属44科119属，其中外来植物74种、入侵植物106种，包括常见的引进观赏植物，如北美海棠、紫叶小檗、美人蕉，及在本地造成一定危害的入侵植物，如反枝苋、小蓬草、一年蓬、刺苍耳、意大利苍耳和黄花刺茄等。对外来植物，详细介绍了其形态特征、原产地、繁殖方式、栖息地类型、主要用途和分布地区等特征；对入侵植物，除介绍以上内容外，还描述其传入方式、传播途径、危害性及防控措施等特征。每种植物均附有精美彩图和鉴定特征，是宁夏现阶段外来及入侵植物的系统总结，也是宁夏首部关于外来及入侵植物的专业书籍，不仅可以为农林、环保、检疫等部门管理决策提供参考依据，还便于相关科研院所的教育研究和公众科普使用，不失为一套精美、全面、便携的工具书。

本书由国家林业和草原局科技发展中心生物安全与遗传资源管理项目宁夏回族自治区林业外来物种调查与研究项目（KJZXSA2018028，KJZXSA202023）资助。本书在编写和外业调查中得到了宁夏大学、宁夏林业和草原局以及地方林草部门相关人员的支持，在此对他们的支持和帮助表示衷心的感谢！由于调查积累和研究水平有限，书中存疑、疏漏之处在所难免，期望广大读者批评指正，不吝交流。

编　者

2023年3月20日

目　录

第三部分　入侵植物 / 091

第一部分

宁夏外来及入侵植物的组成与分布现状

外来植物入侵是指植被从原有地通过人力或自然力入侵新的栖息地，并在新栖息地未被有效控制而爆发性蔓延，导致农林牧业减产、生物资源及其多样性减少、生态系统稳定性下降等不良影响。近年来，由于经济全球化进程不断加速、国际贸易自由化不断深入，高密度的技术合作与贸易交流为外来入侵物种的有意或无意引进与扩散提供了有利条件。大量物种随着交通工具打破了原始地域屏障的束缚，在全新的、适宜的地方大规模出现。生物入侵会对自然环境、社会经济发展和人类健康造成巨大损失，已强烈危及入侵地区生物多样性和生态环境安全。

已有研究显示，包括中国在内的许多国家和地区，外来入侵物种的数量增加与当地经济繁荣程度和对外开放程度呈现明显的正相关关系。124个国家1300多种外来入侵生物的数据表明，中国已经成为世界上遭受生物入侵伤害最严重的发展中国家之一。据报道，2013年入侵我国的外来植物有270种，到2020年，外来入侵植物已达369种，其所带来的危害不容忽视。而外来植物一旦入侵成功，针对其防治耗资巨大，却收效甚微。因此，及时进行外来生物尤其是入侵种的防治管理，以减少外来生物入侵风险，有利于降低生态和经济损失。

现有调查结果表明，外来生物尤其是入侵种在中国呈现沿海地区多、内陆地区少的分布格局。目前，学者已对许多地区开展了外来入侵植物的调查研究，如京津冀外来入侵植物的种类分析、安徽省外来植物入侵状况以及江西省外来植物现状。处于中国内陆腹地的宁夏，常被视为受外来物种影响相对较小的地区。不过，近年来由于宁夏“一带一路”建设的不断深入和内陆开放型经济试验区的建立，外贸和物资交流日益频繁，这可能导致越来越高的外来植物入侵风险。但是，关于宁夏外来及入侵植物种类、组成、地理分布、入侵状况等的研究一直未见详细报道。为此，笔者全面调查了宁夏境内的所有外来及入侵植物，详细了解其种类、组成、分布情况、原产地、入侵途径等，形成宁夏外来及入侵植物名录，为今后宁夏外来及入侵植物的有效防控提供基本依据，为宁夏生物多样性和生态环境保护提供理论基础。

一、宁夏外来及入侵植物的组成

调查统计显示，目前宁夏共有外来及入侵植物180种，隶属44科119属，其中外来植物74种、入侵植物106种。外来及入侵植物中菊科（Asteraceae）种类最多，达到41种，占全部外来及入侵植物种数的22.78%，其次是豆科（Fabaceae）15种、蔷薇科（Rosaceae）12种、苋科（Amaranthaceae）12种、禾本科（Poaceae）9种，这5科共有外来及入侵植物89种，占总种数的49.44%（表1）。同时，106种入侵植物中超过10种的科有菊科（34种）、苋科（11种），分别占入侵植物种数的32.08%、10.38%；74种外来植物中超过10种的科只有蔷薇科（12种），占外来植物种数的16.22%（表1）。

表1　宁夏外来及入侵植物的分类信息

科名	外来及入侵植物种数	占宁夏外来及入侵植物总种数的比例 / %	入侵植物种数	占入侵植物种数的比例 / %	外来植物种数	占外来植物种数的比例 / %
菊科 Asteraceae	41	22.78	34	32.08	7	9.46
豆科 Fabaceae	15	8.33	9	8.49	6	8.11
蔷薇科 Rosaceae	12	6.67	0	0	12	16.22
苋科 Amaranthaceae	12	6.67	11	10.38	1	1.35
禾本科 Poaceae	9	5.00	8	7.55	1	1.35
槭树科 Aceraceae	6	3.33	1	0.94	5	6.76
茄科 Solanaceae	6	3.33	6	5.66	0	0
唇形科 Lamiaceae	6	3.33	2	1.89	4	5.41
石竹科 Caryophyllaceae	5	2.78	3	2.83	2	2.70
马鞭草科 Verbenaceae	5	2.78	2	1.89	3	4.05
藜科 Chenopodiaceae	4	2.22	4	3.77	0	0

续表

科名	外来及入侵植物种数	占宁夏外来及入侵植物总种数的比例 / %	入侵植物种数	占入侵植物种数的比例 / %	外来植物种数	占外来植物种数的比例 / %
锦葵科 Malvaceae	4	2.22	2	1.89	2	2.70
柳叶菜科 Onagraceae	4	2.22	4	3.77	0	0
忍冬科 Caprifoliaceae	3	1.67	0	0	3	4.05
木樨科 Oleaceae	3	1.67	0	0	3	4.05
大戟科 Euphorbiaceae	3	1.67	3	2.83	0	0
玄参科 Scrophulariaceae	3	1.67	2	1.89	1	1.35
悬铃木科 Platanaceae	3	1.67	0	0	3	4.05
旋花科 Convolvulaceae	2	1.11	2	1.89	0	0
杨柳科 Salicaceae	2	1.11	0	0	2	2.70
漆树科 Anacardiaceae	2	1.11	1	0.94	1	1.35
紫草科 Boraginaceae	2	1.11	2	1.89	0	0
罂粟科 Papaveraceae	2	1.11	0	0	2	2.70
紫茉莉科 Nyctaginaceae	2	1.11	2	1.89	0	0
酢浆草科 Oxalidaceae	2	1.11	2	1.89	0	0
花荵科 Polemoniaceae	2	1.11	0	0	2	2.70
鸢尾科 Iridaceae	2	1.11	0	0	2	2.70
美人蕉科 Cannaceae	2	1.11	0	0	2	2.70
十字花科 Brassicaceae	1	0.56	0	0	1	1.35
小檗科 Berberidaceae	1	0.56	0	0	1	1.35
商陆科 Phytolaccaceae	1	0.56	1	0.94	0	0
萝藦科 Asclepiadaceae	1	0.56	0	0	1	1.35
胡颓子科 Elaeagnaceae	1	0.56	0	0	1	1.35
虎耳草科 Saxifragaceae	1	0.56	0	0	1	1.35
旱金莲科 Tropaeolaceae	1	0.56	0	0	1	1.35

续表

科名	外来及入侵植物种数	占宁夏外来及入侵植物总种数的比例 / %	入侵植物种数	占入侵植物种数的比例 / %	外来植物种数	占外来植物种数的比例 / %
葡萄科 Vitaceae	1	0.56	1	0.94	0	0
桑科 Moraceae	1	0.56	1	0.94	0	0
马齿苋科 Portulacaceae	1	0.56	1	0.94	0	0
壳斗科 Fagaceae	1	0.56	0	0	1	1.35
胡桃科 Juglandaceae	1	0.56	0	0	1	1.35
夹竹桃科 Apocynaceae	1	0.56	1	0.94	0	0
凤仙花科 Balsaminaceae	1	0.56	1	0.94	0	0
白花菜科 Cleomaceae	1	0.56	0	0	1	1.35
松科 Pinaceae	1	0.56	0	0	1	1.35

二、宁夏外来及入侵植物的危害程度

对106种宁夏入侵植物的入侵等级的分析结果显示，已在我国严重入侵并且对经济和生态效益造成巨大损失的1级恶性入侵植物在宁夏有10种，分别是垂序商陆 *Phytolacca americana*、反枝苋 *Amaranthus retroflexus*、刺苋 *Amaranthus spinosus*、圆叶牵牛 *Pharbitis purpurea*、黄花刺茄 *Solanum rostratum*、藿香蓟 *Ageratum conyzoides*、大狼杷草 *Bidens frondosa*、一年蓬 *Erigeron annuus*、小蓬草 *Erigeron canadensis*、毒麦 *Lolium temulentum*；2级严重入侵植物在宁夏有15种，分别是杂配藜 *Chenopodium hybridum*、凹头苋 *Amaranthus blitum*、绿穗苋 *Amaranthus hybridus*、皱果苋 *Amaranthus viridis*、白车轴草 *Trifolium repens*、蓖麻 *Ricinus communis*、月见草 *Oenothera biennis*、牵牛 *Pharbitis nil*、曼陀罗 *Datura stramonium*、阿拉伯婆婆纳 *Veronica persica*、牛膝菊 *Galinsoga parviflora*、粗毛牛膝菊 *Galinsoga quadriradiata*、意大利苍耳 *Xanthium italicum*、刺苍耳 *Xanthium spinosum*、野燕麦 *Avena fatua*。这两级入侵植物占宁夏所有外来入侵植物总数的23.58%。已在我国局部入侵并造成危害的3级入侵植物在宁夏有6种，在

我国危害不大且尚未蔓延的4级一般入侵植物在宁夏有29种，在我国尚未达到入侵级别、处于归化状态的5~6级植物在宁夏有46种，分别占宁夏所有入侵植物总种数的5.66%、27.36%和43.40%（表2）。就入侵分布、危害程度的实际调查结果而言，部分物种如藿香蓟、毒麦虽然为国内的1级入侵种，但其在宁夏的实际入侵程度较轻，这主要是由生境不适应造成的，对于这些1级入侵种的存在，我们不能掉以轻心，要严格管控和监测。

表2　宁夏不同入侵等级入侵植物的种数与比例

入侵等级		种数	占总种数的比例 / %
恶性入侵	1 级	10	9.43
严重入侵	2 级	15	14.15
局部入侵	3 级	6	5.66
一般入侵	4 级	29	27.36
有待观察类	5 级	29	27.36
建议排除类	6 级	17	16.04

三、宁夏外来及入侵植物的生活型分析

外来及入侵植物的生活型分为草本、乔木、灌木、藤本和蕨类。从统计结果来看，宁夏外来及入侵植物中草本种类最多，达131种，占总种数的72.78%；乔木次之，有26种，占总种数的14.44%；灌木和藤本分别有20种和3种，分别占总种数的11.11%和1.67%（图1：A）。同时，入侵植物中，草本有98种，占该类型总种数的92.45%，乔木和灌木数量相同，均有3种，藤本有2种，占该类型总种数的1.89%（图1：B）；外来植物中，草本、乔木、灌木、藤本分别有33种、23种、17种、1种，各占该类型总种数的44.60%、31.08%、22.97%和1.35%（图1：C）。从外来种对本地生态系统的危害情况来看，草本、灌木和藤本常常带来较为严重的危害，如草本中的小蓬草、意大利苍耳、刺苍耳，藤本中的圆叶牵牛等。

这些植物对环境的适应性强、生长迅速，大多隶属于世界性分布并且处于相对进化系统位置的大科，具有较强的适应性和入侵性，对农业生产、生物多样性及城市园林绿化美化等造成了严重影响。

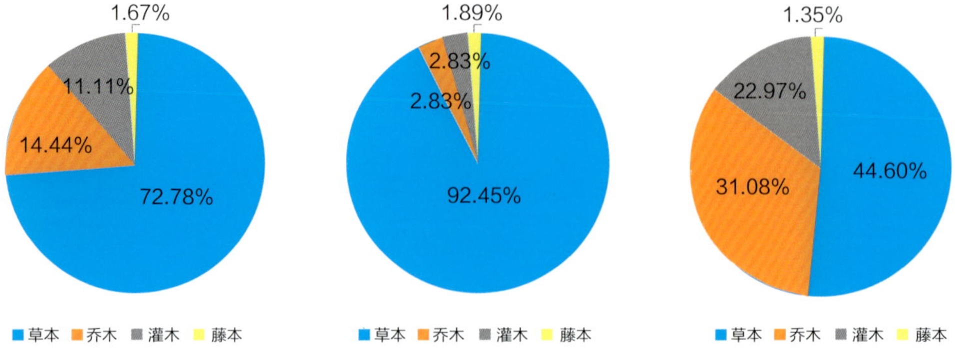

A. 外来及入侵植物　　A. 入侵植物　　A. 外来植物

图1　宁夏外来及入侵植物的生活型

四、宁夏外来及入侵植物来源分析

结合调查统计以及文献查阅，宁夏180种外来及入侵植物主要来自美洲、亚洲、欧洲、非洲和地中海地区。原产于美洲的最多，达到114种，占总种数的63.33%，其次是欧洲、亚洲、地中海地区和非洲，分别占总种数的17.78%、8.89%、5.56%和4.44%（图2：A）。其中，入侵植物主要来自美洲，占该类型总种数的63.21%，来源于地中海地区的最少，占3.77%（图2：B）；外来植物中，来自美洲的最多，占该类型总种数的63.51%，其次是欧洲、地中海地区和亚洲，来自非洲的最少，仅占2.70%（图2：C）。

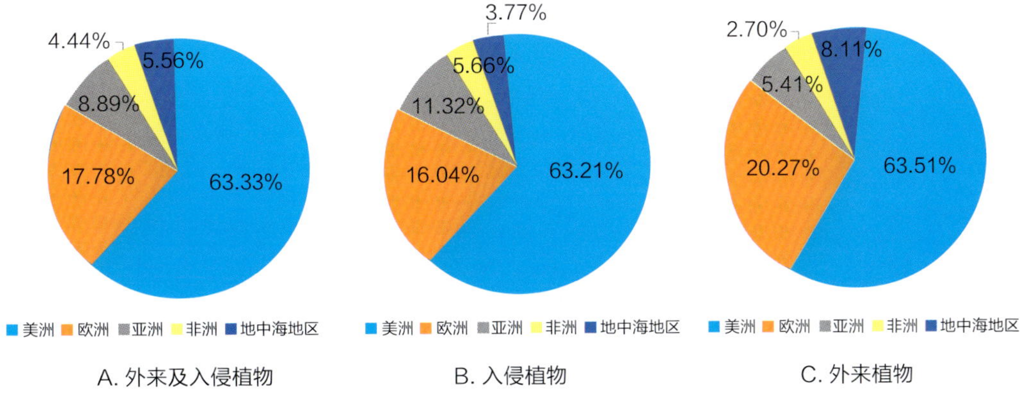

图2 宁夏外来及入侵植物的原产地构成

五、宁夏外来及入侵植物的分布

外来及入侵植物在宁夏下辖的5个地级市均有分布，呈现出南多北少的趋势，分布数量排序为银川 > 固原 > 石嘴山 > 吴忠 > 中卫，位于银川市和固原市的外来及入侵植物种类最丰富，其总数分别达到150种、102种；两地的入侵植物分别为87种、62种，占当地外来及入侵植物总种数的58.00%、60.78%。中卫市的入侵植物和外来植物均最少，分别是37种和14种，占当地外来及入侵植物总种数的72.55% 和27.45%（表3）。

表3 外来及入侵植物在宁夏的分布

地市	入侵植物		外来植物		总计	
	数量	比例	数量	比例	数量	比例
银川市	87	58.00%	63	42.00%	150	100%
吴忠市	38	71.70%	15	28.30%	53	100%
石嘴山市	42	70.00%	18	30.00%	60	100%
固原市	62	60.78%	40	39.22%	102	100%
中卫市	37	72.55%	14	27.45%	51	100%

六、宁夏外来及入侵植物的入侵途径

从宁夏180种外来及入侵植物的入侵途径来看，有意引入 > 无意传入 > 自然传播。其中，有意引入的种类达143种，占外来及入侵植物总种数的79.44%；无意传入的种类有35种，占19.45%；自然传播的种类只有2种，占1.11%（图3）。外来及入侵植物在入侵宁夏的过程中，人为因素占98.89%，可见人们有意或无意的干扰活动是导致外来及入侵植物入侵的最主要因素。

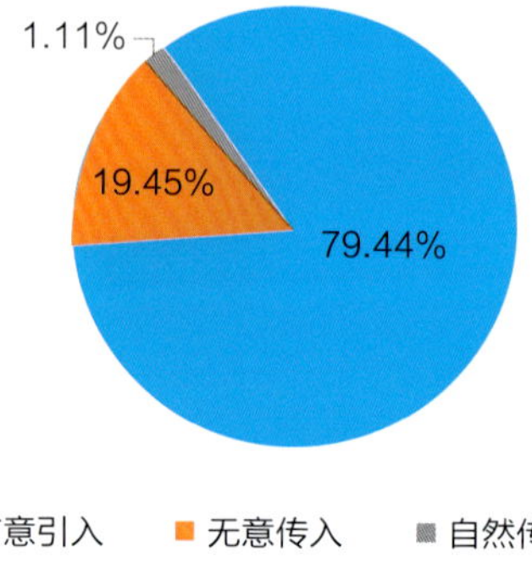

图3　宁夏外来及入侵植物的入侵途径

七、讨论

宁夏外来及入侵植物中以菊科数量最多，其次是豆科、蔷薇科、苋科、禾本科（每科≥9种），这5科共计89种，占外来及入侵植物总种数的49.44%。这些科的植物分布范围广泛，大部分为一年生草本，易于适应新的自然环境，因此可以在适宜的新环境中大量生长并侵占本地种的生存空间。这也证明菊科是外来入侵植物第一大科这一说法。例如，菊科植物可以产生大量生有冠毛或刺的种子，使其更容易通过风媒传播或者黏附在兽类皮毛、人身上传播，适应性很强，极易扩散并定居在新环境中，如鬼针草已经在我国南部地区泛滥成灾。

宁夏外来及入侵植物中草本植物种类最多，乔木次之，灌木和藤本相对较少。这种现象或许与植物的适应性有关，一般草本植物相对于其他生活型来说是更进化的类型，适应能力极强，这与曾宪峰等的研究结果相似。草本植物是植物中进化等级最高的类群，具备生命周期短、个体小、结实率高、种子易传播、生长快等特点，这使其在和其他生活型植物竞争时拥有明显的优势。草本植物的外来入侵也采取不同方式占据更大的生存空间，如微甘菊通过化感作用抑制、排挤本地植物扩大种群面积。另外，草本植物易被作为花卉、药用植物等引进时无意携带存活，这些因素都可能造成其容易被人类引种到外地，形成更强的入侵性。乔木因其高大、亮丽，大多被用作园林绿化美化树种而引种，例如宁夏比较常见的美国红栌、红花刺槐等在城市建设中发挥了重要作用，不过由于这些植物的进化类群的等级相对原始，生长速度慢、品种少、适应能力相对较弱，所以造成危害的植物种类也相对较少。

人为干扰促进了外来及入侵植物的侵入，外来及入侵植物主要生长在人为影响和破坏较严重的自然环境中，比如村旁、荒野和路旁等，而很难存在于发育良好的原始林以及一些次生林中。贸易与人员往来的全球化导致长期以来相互隔绝的物种在世界范围内的再分布。在人口相对密集的港口、口岸一带，经国际运输传入的外来种通常最先在此登陆，遇到合适的环境条件时形成小的种群，而后逐渐向四处蔓延。汽车携带的外来种容易在公路两侧定居、蔓延，如小蓬草大多生长于公路两侧。在生物种类比较简单的灌木丛、草地和疏林间，外来植物也很容易进入，这些区域群落结构单一、生物多样性低，各物种间的关系相对松散且抑制干扰能力低下，对资源开发利用不充分，为外来及入侵植物提供了可乘之机。宁夏外来及入侵植物中，有意引入的种数超过一半，主要用作饲草、园林观赏植物、农作物等，例如作为饲草被引入的苜蓿，作为园林观赏植物被引入的红花槭、火炬树、紫茉莉等，作为农作物被引入的菊芋，但是由于缺乏对引种植物的认知、风险评估以及防控意识等，部分外来及入侵植物快速生长，逸生到野外，逐渐成为当地的入侵植物。

外来及入侵植物容易入侵与其原产地区系、气候状况、生态环境等相似的区域，被入侵环境对外来种的作用较大，这为入侵成功提供了可能性。如果生境条件差异较大，只有可塑性强的物种才能够入侵成功。根据对宁夏外来及入侵植物原产地的分析可以发现，来自美洲热带地区的外来及入侵植物种类最多，其次是欧洲，而来自地中海地区的外来及入侵植物种类较少，可能是由于宁夏与地中海地区的地理环境和气候差别较大，与美洲热带地区的纬度、区系、生态环境更接近。

总的来说，宁夏5市外来及入侵植物均呈现以下特征：（1）分布范围广。宁夏180种外来及入侵植物中，有31种植物在5市分布，有近40种植物在4市分布，它们入侵的生境广泛，能入侵多种生境，如田间、路旁、堤坝、废弃地等。（2）原产地复杂。许多外来及入侵植物的原产地不止一个，如麦仙翁原产于地中海地区，归化于欧亚大陆、北非和美洲。（3）危害程度大。1级危害植物有反枝苋、大狼杷草、圆叶牵牛等；2级危害植物有曼陀罗、野西瓜苗、意大利苍耳等；其中，意大利苍耳、黄花刺茄、毒麦属于恶性入侵植物，特别是黄花刺茄和意大利苍耳，适应范围广，既耐旱又耐湿，繁殖能力强，每株可产种子1万~2万粒，产籽量非常惊人，落粒即可发芽。

宁夏作为我国西部的黄河上游省区，经济欠发达，气候干燥，对外交流日益频繁，特别是作为“一带一路”绿色发展的重要纽带，在中国与外界之间架起了桥梁，使得宁夏在对外来及入侵植物的防控方面受到巨大考验。外来及入侵植物科学高效的防控是当下保护生态系统的一项重要工作，为降低外来及入侵植物对当地生态系统安全的威胁及其可能带来的经济损失，针对宁夏目前的入侵情况，本书给出以下几点防控管理对策。

首先，宁夏外来及入侵植物主要以有意引入为主，说明人类活动是外来及入侵植物进入当地自然环境的最重要因素。随着社会经济的持续增长，世界各地的贸易往来愈加频繁，外来及入侵植物入侵趋势必将加剧。因此，在我国大力发展旅游产业的同时，应对外来及入侵植物做好科普和宣传教育，增强公众的防范意识。在引进观赏、药用和饲用外来及入侵植物之前，提前进行风险评估，形成全面的外来植物入侵风险评估预警体系，严格开展引种驯化工作。其次，引种后密切监管是否夹带其他外来植物，加大过境检验检疫力度，重点排查来自美洲及欧洲的外来及入侵植物，以降低外来及入侵植物入侵本地生态系统的概率。

再次，在外来及入侵植物尚未造成严重危害之前，及时清除，入侵植物进入当地生态系统后，加大调查力度并全面监测，对其繁殖能力、扩散方式、种子萌发特性、幼苗生长状况、表型可塑性等进行评估与风险分析。针对已经入侵成功的外来及入侵植物，根据危害程度确定重点防范物种和防治区域，及时识别普查，建立跟踪监测制度和信息共享体系，了解入侵植物的种类与分布情况、危害、生物学特性、扩散趋势等信息，编制应急预案，配合物理、化学和生物防治措施，做到预防在先、防治结合，实现低成本、高效率的入侵植物调查常态化，以最优方法治理外来及入侵植物。最后，开展外来及入侵植物的综合利用研究，“变废为宝”，这对降低外来及入侵植物对当地生物多样性的影响同样具有重要意义。

第二部分

外来植物

北美短叶松 | *Pinus banksiana*

科属：松科 Pinaceae　松属 *Pinus*　别名：短叶松、班克松

【形态特征】乔木，在原产地高达25 m，胸径80 cm，有时呈灌木状。树皮暗褐色，裂成不规则鳞状薄片脱落。枝条每年生长2 ~ 3轮，一年生枝紫褐色或棕褐色。针叶2针1束，短粗，常扭曲，长2 ~ 4 cm，直径约2 mm，全缘。树脂道通常2，中生。球果窄圆锥状椭圆形，长3 ~ 5 cm，直径2 ~ 3 cm，不对称，常弯曲，成熟时淡绿黄色或淡褐黄色，宿存于树上多年不落。种鳞迟张开，鳞盾斜方形，呈多角状，平或微隆起，横脊明显，鳞脐平或微凹，无刺。种子长3 ~ 4 mm，翅长约1.2 cm。

【原产地】北美洲。

【繁殖方式】种子繁殖。

【栖息地类型】林场或公园绿地。

【主要用途】生态造林，或用作景观树。

【分布地区】中宁县、金凤区。

黑胡桃 | *Juglans nigra*

科属：胡桃科 Juglandaceae　胡桃属 *Juglans*　别名：黑核桃、美国黑胡桃

【形态特征】落叶乔木。一年生枝灰褐色、红褐色或褐绿色，有灰白色柔毛，皮孔浅褐色，稀疏而明显。一回羽状复叶，互生；小叶披针形，长4～11 cm，宽1～4 cm；叶柄及叶轴密被柔毛。雌雄同株；雄柔荑花序长5～12 cm，着生于侧芽处；雌花序顶生，每簇具小花2～5朵。果序短，具果实1～3；假核果圆形，当年成熟，直径3～4 cm，密被黄色腺体及稀疏的腺毛；果核表面无明显的纵棱，有不规则缺刻状条纹。

【原产地】北美洲。

【繁殖方式】种子繁殖。

【栖息地类型】公园、林场。

【主要用途】园林观赏或用材树种。

【分布地区】银川市、灵武市、中宁县。

加 杨 | *Populus × canadensis*

科属：杨柳科 Salicaceae 杨属 *Populus* 别名：加拿大杨

【形态特征】大乔木，高约30 m。小枝稍有棱角，无毛，稀被微柔毛。芽先端反曲，富黏质。叶三角形或三角状卵形，长7～10 cm，长枝和萌枝上的叶长10～20 cm，先端渐尖，基部平截或宽楔形，无或有1～2腺体，边缘半透明，有圆锯齿，近基部较疏，具短缘毛，下面淡绿色；叶柄侧扁而长。雄花序长7～15 cm，花序轴光滑，每花有雄蕊15～25（40）；苞片淡绿褐色，丝状深裂，无毛，花盘淡黄绿色，全缘；雌花序有花45～50朵，柱头4裂。果序长达27 cm；蒴果长圆形，长约8 mm，顶端尖，2～3瓣裂。雄株多，雌株少。花期4月，果期5—6月。

【原产地】北美洲。

【繁殖方式】扦插繁殖。

【栖息地类型】路边、公园、村庄或农田边。

【主要用途】防护林建设或绿化树种。

【分布地区】银川市、青铜峡市、灵武市、石嘴山市。

彩叶杞柳 | *Salix integra*‘Hakuro Nishiki’

科属：杨柳科 Salicaceae　柳属 *Salix*　别名：彩叶柳、花叶杞柳

【形态特征】落叶灌木，高1～3 m，无明显主干，自然状态下呈灌丛状。树冠广展，树皮灰绿色。嫩枝粉红色，枝条呈放射状，紧密。芽卵形，尖，黄褐色，无毛。叶近对生或对生。花先叶开放，花序长1～2（2.5）cm，基部有小叶；苞片倒卵形，褐色至近黑色，被柔毛，稀无毛；腺体1；雄蕊2，花丝合生，无毛；子房长卵圆形，有柔毛，几无柄，花柱短，柱头小，2～4裂。蒴果长2～3 mm，有毛。花期5月，果期6月。

【原产地】荷兰。

【繁殖方式】扦插繁殖。

【栖息地类型】绿化带、苗圃地。

【主要用途】园林观赏植物。

【分布地区】彭阳县、西吉县。

夏 栎 | *Quercus robur*

科属：壳斗科 Fagaceae 栎属 *Quercus* 别名：夏橡

【形态特征】落叶乔木，高达30 m。树皮褐灰色，具细裂纹。幼枝棕灰色。叶互生，较厚，平滑，有光泽，长倒卵形或椭圆形，长7～18 cm，宽3～7 cm，先端钝圆，叶缘有4～7对波状羽形新裂，深度为叶片的1/4～1/2 。雌雄同株。坚果椭圆形。花期5月中旬，果熟期9—10月。

【原产地】欧洲。

【繁殖方式】种子繁殖。

【栖息地类型】公园、小区绿地、植物园、林场。

【主要用途】园林观赏植物。

【分布地区】银川市、吴忠市。

须苞石竹 | *Dianthus barbatus*

科属：石竹科 Caryophyllaceae　石竹属 *Dianthus*
别名：五彩石竹、十样锦、美国石竹

【形态特征】多年生草本，高30～60 cm，全株无毛。茎直立，有棱。叶片披针形，长4～8 cm，宽约1 cm，顶端急尖，基部渐狭，合生成鞘，全缘，中脉明显。花多数，集成头状，有数枚叶状总苞片；花梗极短；苞片4，卵形，顶端尾尖，边缘膜质，具细齿，与花萼等长或稍长；花萼筒状，长约1.5 cm，萼齿锐尖；花瓣具长爪，瓣片卵形，通常红紫色，有白色斑纹，顶端齿裂，喉部具髯毛；雄蕊稍外露；子房长圆形，花柱线形。蒴果卵状长圆形，长约1.8 cm，顶端4裂至中部。种子褐色，扁卵形，平滑。花果期5—10月。

【原产地】欧洲。

【繁殖方式】种子繁殖或扦插繁殖。

【栖息地类型】公园绿化带。

【主要用途】园林观赏植物。

【分布地区】银川市。

肥皂草 | *Saponaria officinalis*

科属：石竹科 Caryophyllaceae　肥皂草属 *Saponaria*
别名：草桂、香桃、石碱花

【形态特征】多年生草本，高30~70 cm。主根肥厚，肉质；根茎细，多分枝。茎直立，不分枝或上部分枝，常无毛。叶片椭圆形或椭圆状披针形，长5~10 cm，宽2~4 cm，基部渐狭呈短柄状，微合生，半抱茎，顶端急尖，边缘粗糙，两面均无毛，具3或5基出脉。聚伞圆锥花序，小聚伞花序有花3~7朵；苞片披针形，长渐尖，边缘和中脉被稀疏短粗毛；花梗长3~8 mm，被稀疏短毛；花萼筒状，长18~20 mm，直径2.5~3.5 mm，绿色，有时暗紫色，初期被毛，纵脉20，不明显，萼齿宽卵形，具凸尖；雌雄蕊柄长约1 mm；花瓣白色或淡红色，爪狭长，无毛，瓣片楔状倒卵形，长10~15 mm，顶端微凹缺；副花冠片线形；雄蕊和花柱外露。蒴果长圆状卵形，长约15 mm。种子圆肾形，长1.8~2 mm，黑褐色，具小瘤。花期6—9月。

【原产地】西亚和欧洲。

【繁殖方式】种子繁殖。

【栖息地类型】绿化带、公园绿地。

【主要用途】园林观赏植物。

【分布地区】银川市。

细叶千日红 *Gomphrena haageana*

科属：苋科 Amaranthaceae　千日红属 *Gomphrena*　别名：美洲千日红

【形态特征】 一年生草本，高40～50 cm。茎纤细，多分枝，绿色。叶对生，狭披针形，长4～5 cm，宽1.5～1.7 cm，纸质，叶面粗糙，草绿色，全缘；茎、叶均被短粗毛。椭圆形球状花序生于新梢顶端，苞片膜质，金橙红色；花小，黄色。花期6—8月，果期8—10月。

【原产地】 美洲热带地区。

【繁殖方式】 种子繁殖。

【栖息地类型】 公园花坛。

【主要用途】 园林观赏植物。

【分布地区】 大武口区。

紫叶小檗 | *Berberis thunbergii* 'Atropurpurea'

科属：小檗科 Berberidaceae　小檗属 *Berberis*　别名：红叶小檗

【形态特征】落叶灌木。叶菱状卵形，紫红色。花2~5朵组成具短总梗并近簇生的伞形花序，或无总梗而呈簇生状，花梗长5~15 mm，花被黄色；小苞片带红色，长约2 mm，急尖；外轮萼片卵形，长4~5 mm，宽约2.5 mm，先端近钝，内轮萼片稍大于外轮萼片；花瓣长圆状倒卵形，长5.5~6 mm，宽约3.5 mm，先端微缺，基部以上腺体靠近；雄蕊长3~3.5 mm，花药先端截形。浆果红色，椭圆体形，长约10 mm，稍具光泽，含种子1~2粒。花期4—6月，果期7—10月。

【原产地】日本。

【繁殖方式】种子繁殖或扦插繁殖。

【栖息地类型】公园绿地、绿化带、小区绿地。

【主要用途】园林观赏植物。

【分布地区】银川市、大武口区、灵武市、中卫市。

花菱草 | *Eschscholzia californica*

科属：罂粟科 Papaveraceae　花菱草属 *Eschscholzia*
别名：加州罂粟、金英花、人参花、洋丽春

【形态特征】多年生草本，栽培常为一、二年生，高达60 cm。茎具纵肋，二歧分枝。基生叶长10～30 cm，灰绿色，三回羽状细裂，小裂片条形，具长柄；茎生叶较基生叶小，具短柄。花单生于茎枝顶端；花梗长5～15 cm，花托杯状，边缘波状反折；花萼卵圆形，长约1 cm，萼片2，早落；花瓣4，三角状扇形，长2.5～3 cm，黄色，基部具橙黄色斑点；雄蕊40以上，花丝丝状，基部宽，长约3 mm，花药线形，长5～6 mm，橙黄色；花柱短，柱头4，钻状线形，不等长。蒴果窄长圆锥形，长5～8 cm，自基部向上2瓣裂。种子球形，直径1～1.5 mm，具网纹。花期4—8月，果期6—9月。

【原产地】美洲。

【繁殖方式】种子繁殖。

【栖息地类型】公园绿地、小区花坛。

【主要用途】园林观赏植物。

【分布地区】银川市。

虞美人 | *Papaver rhoeas*

科属：罂粟科 Papaveraceae 罂粟属 *Papaver*
别名：丽春花、赛牡丹、满园春、仙女蒿、虞美人草

【形态特征】一年生草本，高达90 cm。茎、叶、花梗、萼片被淡黄色刚毛，茎分枝。叶披针形或窄卵形，长3~15 cm，二回羽状分裂，下部全裂，裂片披针形，上部深裂或浅裂，裂片披针形，最上部粗齿状羽状浅裂，上面叶脉稍凹；下部叶具柄，上部叶无柄。花单生于茎枝顶端；花芽下垂；花梗长10~15 cm；萼片2，宽椭圆形，长1~1.8 cm；花瓣4，圆形、宽椭圆形或宽倒卵形，长2.5~4.5 cm，全缘，稀具圆齿或先端缺刻，紫红色，基部常具深紫色斑点；花丝丝状，深紫红色，花药黄色；子房无毛，柱头5~18，辐射状，连成盘状体，边缘具圆齿。果宽倒卵圆形，长1~2.2 cm，无毛，微具肋。种子肾状长圆形。花果期6—8月。

【原产地】北非、西亚和欧洲。

【繁殖方式】种子繁殖。

【栖息地类型】公园绿地、小区花坛、路边绿化带等。

【主要用途】园林观赏植物。

【分布地区】银川市、泾源县、石嘴山市。

醉蝶花 | *Tarenaya hassleriana*

科属：白花菜科 Cleomaceae　醉蝶花属 *Tarenaya*　别名：蝴蝶梅、醉蝴蝶

【形态特征】一年生粗壮草本，高1～1.5 m。掌状复叶，具小叶5～7；托叶刺状，叶柄长2～10 cm，常有淡黄色皮刺。总状花序顶生，长达40 cm；苞片叶状，单生，无柄；花梗长2～3.5 cm；萼片长约5 mm；花瓣红色、淡红色或白色，爪长0.5～2 cm，无毛，瓣片倒卵状匙形，长1～1.5 cm；雄蕊6，花丝长3.5～4 cm；雌雄蕊柄长1～3 mm，雌蕊柄长4～5 cm；子房无毛。果长5～6.5 cm，中部直径约4 mm，密布网状纹。种子褐色，直径约2 mm，近平滑。花果期6—10月。

【原产地】美洲热带地区。

【繁殖方式】种子繁殖。

【栖息地类型】公园绿地、绿化带。

【主要用途】园林观赏植物。

【分布地区】银川市、大武口区、平罗县。

芝麻菜 | *Eruca vesicaria* subsp. *sativa*

科属：十字花科 Brassicaceae　芝麻菜属 *Eruca*　别名：芸芥、绵果芝麻菜

【形态特征】一年生草本，高20～90 cm；茎直立，上部常分枝，疏生硬长毛或近无毛。基生叶及下部叶大头羽状分裂或不裂，长4～7 cm，宽2～3 cm。总状花序有多数疏生花；花直径1～1.5 cm；花瓣黄色，后变白色，有紫纹，短倒卵形，长1.5～2 cm，基部有窄线形长爪。长角果圆柱形，长2～3 cm，果瓣无毛，有1隆起中脉，喙剑形，扁平，长5～9 mm，顶端尖，有5纵脉；果梗长2～3 mm。种子近球形或卵形，直径1.5～2 mm，棕色，有棱角。花期5—6月，果期7—8月。

【原产地】欧洲、西亚、北非。

【繁殖方式】种子繁殖。

【栖息地类型】田地、路边。

【主要用途】茎、叶可食用，种子可榨油。

【分布地区】宁夏各地均有分布。

一球悬铃木 | *Platanus occidentalis*

科属：悬铃木科 Platanaceae　悬铃木属 *Platanus*　别名：美国梧桐

【形态特征】落叶大乔木，高10 m。树皮有浅沟，呈小块状剥落。嫩枝有黄褐色茸毛被。叶大，阔卵形，通常3浅裂，稀5浅裂，上下两面初被灰黄色茸毛，后脱落，掌状脉3；托叶较大，长2～3 cm，基部鞘状，上部扩大呈喇叭形，早落。花通常4～6数，单性，聚成圆球形头状花序；雄花的萼片及花瓣均短小，花丝极短，花药伸长，盾状药隔无毛；雌花基部有长茸毛；萼片短小；心皮4～6，花柱伸长，比花瓣长。头状果序圆球形，单生，直径约3 cm。

【原产地】北美洲。

【繁殖方式】扦插繁殖。

【栖息地类型】路边绿化带、公园。

【主要用途】园林观赏植物。

【分布地区】银川市。

二球悬铃木 | *Platanus acerifolia*

科属：悬铃木科 Platanaceae　悬铃木属 *Platanus*　别名：英国梧桐

【形态特征】落叶大乔木，树皮光滑。嫩枝密生灰黄色茸毛，老枝秃净。叶阔卵形，上下两面嫩时有灰黄色毛被，下面的毛被更厚更密；基部截形或微心形；中央裂片阔三角形，宽度与长度约相等；叶柄密生黄褐色毛被；托叶中等大，基部鞘状，上部开裂。花通常4数；雄花的萼片卵形，被毛；花瓣矩圆形；雄蕊比花瓣长，盾状药隔有毛。果枝有头状果序1～2个，稀3个；头状果序直径约2.5 cm，宿存花柱长2～3 mm，刺状，坚果之间无突出的茸毛，或有极短的毛。

【原产地】欧洲东南部至西亚。

【繁殖方式】扦插繁殖。

【栖息地类型】公园绿地、小区、街道。

【主要用途】园林观赏植物。

【分布地区】宁夏各地均有分布。

三球悬铃木 *Platanus orientalis*

科属：悬铃木科 Platanaceae　悬铃木属 *Platanus*　别名：法国梧桐

【形态特征】落叶大乔木，高达30 m，树皮薄片状脱落。嫩枝被黄褐色茸毛，老枝秃净，干后红褐色，有细小皮孔。叶大，阔卵形，宽9～18 cm，长8～16 cm，基部浅三角状心形，上下两面初被灰黄色毛被，后脱落。花4数；雄性球状花序无柄，基部有长茸毛，萼片短小，雄蕊远比花瓣长；雌性球状花序常有柄，萼片被毛，花瓣倒披针形，心皮4，花柱伸长，先端卷曲。果枝长10～15 cm，有圆球形头状果序3～5个；头状果序直径2～2.5 cm，宿存花柱突出，刺状。

【原产地】欧洲东南部及西亚。

【繁殖方式】扦插繁殖。

【栖息地类型】公园。

【主要用途】园林观赏植物。

【分布地区】银川市。

香茶藨子 *Ribes odoratum*

科属：虎耳草科 Saxifragaceae　茶藨子属 *Ribes*　别名：黄花茶藨子、香茶藨

【形态特征】落叶灌木，高可达2 m。小枝圆柱形，灰褐色。叶圆肾形至倒卵圆形，长2～5 cm，宽与长近相等，基部楔形，稀近圆形或截形；掌状3～5深裂。花两性，芳香；总状花序长2～5 cm，常下垂，具花5～10朵；花萼黄色，或仅萼筒黄色而微带浅绿色晕；花瓣近匙形或近宽倒卵形，先端钝圆、浅缺刻状，浅红色；子房无毛；花柱不分裂或仅柱头2裂，长11～14 mm，几与雄蕊等长或稍长，柱头绿色。果实球形或宽椭圆形，长8～10 mm，成熟时黑色，无毛。花期5月，果期7—8月。

【原产地】北美洲。

【繁殖方式】根蘖繁殖。

【栖息地类型】植物园。

【主要用途】园林观赏植物。

【分布地区】银川市。

黑涩石楠 *Aronia melanocarpa*

科属：蔷薇科 Rosaceae　腺肋花楸属 *Aronia*　别名：黑果腺肋花楸

【形态特征】灌木，高1.5～3 m；成熟树体有15～40条主枝；芽红褐色，锥形。叶片深绿色，单叶互生，叶面光滑，卵形或椭圆形。复伞房花序，花序柄被茸毛，由5～40朵小花组成，小花为完全花。梨果球形，直径0.8～1.4 cm。种子肾形，棕褐色。花期4—5月，果期6—10月。

【原产地】北美洲。

【繁殖方式】种子繁殖或扦插繁殖。

【栖息地类型】退耕地或路边、村旁。

【主要用途】浆果可开发做果酱、酿酒等。

【分布地区】泾源县、原州区、西吉县、隆德县。

日本晚樱 | *Cerasus serrulata* var. *lannesiana*

科属：蔷薇科 Rosaceae 樱属 *Cerasus* 别名：矮樱

【形态特征】落叶乔木。树皮灰褐色或灰黑色，有唇形皮孔。小枝灰白色或淡褐色，无毛。叶片卵状椭圆形或倒卵状椭圆形，长5～9 cm，宽2.5～5 cm，先端渐尖，基部圆形，叶缘有渐尖重锯齿。花序总状或近伞形，有花2～3朵；总苞片褐红色；总梗长5～10 mm，无毛；花梗长1.5～2.5 cm，无毛或被极稀疏柔毛；萼筒管状，先端扩大，长5～6 mm，宽2～3 mm，萼片三角状披针形；花粉色或近白色，倒卵形，先端下凹。核果球形或卵球形，紫黑色，直径8～10 mm。花期3—5月，果期6—7月。

【原产地】日本。

【繁殖方式】嫁接繁殖。

【栖息地类型】公园绿地、小区绿化带。

【主要用途】园林观赏植物。

【分布地区】银川市、吴忠市。

北美海棠 | *Malus* ‘American’

科属：蔷薇科 Rosaceae　苹果属 *Malus*　别名：美国海棠

【形态特征】落叶小乔木，高5～7 m，呈圆丘状，或整株直立呈垂枝状。分枝多变，互生、直立、悬垂等，无弯曲枝。新干棕红色、黄绿色，老干灰棕色，有光泽。花量大，花色多，白色、粉色、红色、鲜红色，多有香气。果实扁球形，花萼脱落或不脱落，红色、黄色或橙色。主要品种有道格海棠、宝石海棠、凯尔斯海棠、绚丽海棠、钻石海棠等。

【原产地】北美洲。

【繁殖方式】嫁接繁殖。

【栖息地类型】公园、道路绿化带、小区绿地。

【主要用途】园林观赏植物。

【分布地区】宁夏各地均有栽培。

紫叶稠李 | *Padus virginiana*

科属：蔷薇科 Rosaceae　稠李属 *Padus*

【形态特征】落叶乔木，高4～5 m，冠幅5 m。叶片初生时绿色，有光泽，进入5月后随着气温升高，逐渐转为紫红色，秋后变为红色，整个生长季节，叶片变色期较长。花白色。果球形，较大，成熟时紫黑色。花期4月底至5月中旬，果熟期7—8月。

【原产地】北美洲。

【繁殖方式】嫁接繁殖。

【栖息地类型】公园、绿化带、小区绿地。

【主要用途】园林观赏彩叶树种。

【分布地区】宁夏各地均有栽培。

金叶风箱果 | *Physocarpus opulifolius* 'Lutea'

科属：蔷薇科 Rosaceae　风箱果属 *Physocarpus*

【形态特征】落叶灌木，高1～2 m，冠幅2 m。新枝黄绿色，老枝褐色，较硬，多分枝。叶互生，三角形，长3~4 cm，具浅裂，基部广楔形，边缘有复锯齿。初生叶金黄色，夏季至秋季叶黄色或黄绿色，秋末叶黄色、红色相间。花白色，顶生伞形总状花序，直径0.5～1 cm，雌蕊1，雄蕊多数。蓇葖果膨大呈卵形，外皮光滑，夏末时红色。花期5月中下旬，果期7—8月。

【原产地】北美洲。

【繁殖方式】扦插繁殖。

【栖息地类型】绿化带、公园。

【主要用途】园林观赏彩叶树种。

【分布地区】银川市、泾源县。

紫叶风箱果 | *Physocarpus opulifolius* 'Purpurea'

科属：蔷薇科 Rosaceae　风箱果属 *Physocarpus*

【形态特征】落叶灌木，高2~3 m。叶三角状卵形，具浅裂，先端尖，基部广楔形，边缘有复锯齿。整个生长季枝叶一直是紫红色，春季和初夏颜色略浅，中夏至秋季深紫红色。顶生伞形总状花序，花多而密，每个花序有小花20~60朵，小花直径0.5~1 cm，花白色，萼片三角形。蓇葖果膨大，夏末时红色。花期6月下旬至7月下旬，果实9—10月成熟、开裂、宿存。

【原产地】北美洲。

【繁殖方式】扦插繁殖。

【栖息地类型】绿化带、公园。

【主要用途】园林观赏彩叶树种。

【分布地区】银川市、泾源县、彭阳县。

俄罗斯红叶李 | *Prunus cerasifera* f. *atropurpurea* ‘Russia’

科属：蔷薇科 Rosaceae　李属 *Prunus*　别名：密枝红叶

【形态特征】落叶小乔木，干皮紫红色，小枝淡红褐色，均光滑无毛。单叶互生，叶卵圆形或长圆状披针形，长4.5～6 cm，宽2～4 cm，先端短尖，基部楔形，边缘具尖细锯齿，羽状脉5～8对，两面无毛或背面脉腋有毛，暗绿色或紫红色，叶柄光滑，多无腺体。花单生，白色，雄蕊约25，略短于花瓣，花部无毛。核果扁球形，直径1～3 cm，腹缝线上微见沟纹，无梗洼，成熟时黄色、红色或紫色，光亮或微被白粉。花期3—4月，果期7—8月。

【原产地】俄罗斯。

【繁殖方式】嫁接繁殖或扦插繁殖。

【栖息地类型】公园绿地、绿化带。

【主要用途】园林观赏彩叶树种。

【分布地区】银川市、彭阳县、原州区、泾源县。

沙樱桃 | *Prunus pumila*

科属：蔷薇科 Rosaceae　李属 *Prunus*

【形态特征】落叶灌木，高1～2.5 m。多分枝，枝开展；枝条棕红褐色，稍纵向剥裂，嫩枝浅褐色，常被短柔毛。单叶互生或簇生于短枝上，叶片倒卵形或椭圆形，长4～7.2 cm，宽1.6～3.1 cm。花单生于短枝上，花瓣5，白色。核果球形，稍扁；核仁近宽卵形，稍扁，棕黄色。花期4—5月，果期7—9月。

【原产地】北美洲。

【繁殖方式】种子繁殖。

【栖息地类型】植物园、公园绿地等。

【主要用途】园林观赏植物。

【分布地区】银川市。

紫叶矮樱 | *Prunus × cistena*

科属：蔷薇科 Rosaceae　李属 *Prunus*

【形态特征】 落叶灌木，高2.5 m左右，冠幅1.5～2.8 m。幼枝紫褐色，通常无毛，老枝有皮孔，分布于整个枝条。叶长卵形或卵状长椭圆形，长4～8 cm，先端渐尖，基部广楔形，叶缘有不整齐的细钝齿，叶表面红色或紫色，背面更红，新叶顶端鲜紫红色，当年生枝条木质部红色。花单生，中等偏小，淡粉红色，花瓣5，微香，雄蕊多数，单雌蕊。花期4—5月。

【原产地】 北美洲。

【繁殖方式】 嫁接繁殖。

【栖息地类型】 绿化带、公园绿地等。

【主要用途】 园林观赏植物，常片植用作色带。

【分布地区】 宁夏各地均有栽培。

北欧花楸 | *Sorbus aucuparia*

科属：蔷薇科 Rosaceae 花楸属 *Sorbus* 别名：欧洲花楸

【形态特征】小乔木，高6～18 m，树干端直，幼树树冠椭圆形，成熟时树冠球形。奇数羽状复叶，具小叶11～15，春、夏季叶片深绿色，秋季黄色至紫红色，有光泽。伞房花序，花序较大，花白色，簇生，直径7～12 cm。浆果橘红色。

【原产地】欧洲。

【繁殖方式】嫁接繁殖或种子繁殖。

【栖息地类型】公园、苗圃地、小区绿地。

【主要用途】园林观赏植物，宜用作行道树。

【分布地区】彭阳县、银川市、原州区。

金焰绣线菊 | *Spiraea japonica* ‘Goldflame’

科属：蔷薇科 Rosaceae　绣线菊属 *Spiraea*

【形态特征】落叶小灌木，高0.6~1.1 m。冬芽小，有鳞片。单叶互生，边缘具尖锐重锯齿，羽状脉；叶长0.8~3 cm，宽0.5~1.6 cm，叶柄长0.2~0.4 cm，无托叶。枝叶较松散，呈球状，春季叶黄色、红色相间，夏季叶绿色，秋季叶紫红色。花两性，玫瑰红色，花序较大，10~35朵组成复伞形花序，直径10~20 cm；萼筒钟状，萼片5；花瓣5，圆形，较萼片长；雄蕊长于花瓣，着生在花盘和萼片之间；心皮5，离生。蓇葖果5，沿腹缝线开裂，内具数粒细小种子。种子圆形，种皮膜质。

【原产地】美国。

【繁殖方式】扦插繁殖。

【栖息地类型】公园绿地、绿化带。

【主要用途】观赏植物，常片植用作色带。

【分布地区】银川市、泾源县。

金山绣线菊 | *Spiraea japonica* 'Gold Mound'

科属：蔷薇科 Rosaceae　绣线菊属 *Spiraea*

【形态特征】落叶小灌木，高25～35 cm，冠幅40～50 cm。枝细长。叶菱状披针形，长1～3 cm，叶缘具深锯齿，表面稍感粗糙。新生小叶金黄色，夏季叶浅绿色，秋季叶金黄色。花两性，浅粉红色，伞房花序，直径4～8 cm；萼筒钟状，萼片5；花瓣5，圆形，较萼片长；雄蕊长于花瓣，着生在花盘与萼片之间；心皮5，离生。蓇荚果5，沿腹缝线开裂，内具数粒细小种子。种子长圆形，种皮膜质。花期6月中旬至8月上旬。

【原产地】北美洲。

【繁殖方式】扦插繁殖。

【栖息地类型】公园绿地、绿化带。

【主要用途】观赏植物，常片植用作色带。

【分布地区】银川市、泾源县、彭阳县。

羽扇豆 | *Lupinus micranthus*

科属：豆科 Fabaceae　羽扇豆属 *Lupinus*　别名：鲁冰花

【形态特征】一年生草本，高20～70 cm，全株被棕色或锈色硬毛。茎上升或直立，基部分枝。掌状复叶，具小叶5～8，叶柄远长于小叶。总状花序顶生，长5～12 cm，短于复叶，花序轴纤细，下方的花互生，上方的花不规则轮生；花长1～1.4 cm；花梗长1～2 mm；花萼二唇形，被硬毛，下唇长于上唇，具3深裂片，宿存花冠蓝色，旗瓣和龙骨瓣具白色斑纹。荚果长圆状线形，长2.5～5 cm，顶端具短喙，种子间节荚状，有3～4粒种子。种子卵圆形，扁平，光滑。花期3—5月，果期4—7月。

【原产地】地中海地区。

【繁殖方式】种子繁殖。

【栖息地类型】公园、小区或花坛。

【主要用途】观赏植物。

【分布地区】泾源县。

驴食草 | *Onobrychis viciifolia*

科属：豆科 Fabaceae　驴食草属 *Onobrychis*　别名：驴食豆、红豆草

【形态特征】多年生草本，高40～80 cm。茎直立，中空，被向上贴伏的短柔毛。小叶长圆状披针形或披针形，长20～30 mm，宽4～10 mm。总状花序腋生，明显超出叶层；花冠蝶形，粉红色至深红色。荚果半圆形，压扁，果皮粗糙，有明显网纹，深褐色，不开裂，内含种子1粒。种子肾形，光滑，暗褐色。花果期6—9月。

【原产地】欧洲。

【繁殖方式】种子繁殖。

【栖息地类型】山坡田地、路边。

【主要用途】饲草植物。

【分布地区】原州区、隆德县、泾源县。

曲枝刺槐 | *Robinia pseudoacacia* f. *tortuosa*

科属：豆科 Fabaceae　刺槐属 *Robinia*　别名：扭枝刺槐、疙瘩刺槐

【形态特征】落叶乔木，高5～6 m。树皮灰黑褐色，枝条扭曲盘旋。奇数羽状复叶，互生，具小叶9～19。总状花序腋生，花冠白色，芳香；旗瓣近圆形，长18 mm，基部具爪，先端微凹；翼瓣倒卵状长圆形，基部具细长爪，顶端圆，长18 mm；龙骨瓣向内弯，基部具长爪；雄蕊二体；子房线状长圆形，被短白毛，花柱几乎弯成直角。荚果扁平，线状长圆形，长3～11 cm，褐色，光滑，含3～10粒种子，2瓣裂。花果期5—9月。

【原产地】北美洲。

【繁殖方式】嫁接繁殖。

【栖息地类型】公园、苗圃地。

【主要用途】观赏植物。

【分布地区】银川市、西吉县。

金叶刺槐 | *Robinia pseudoacacia*‘Frisia’

科属：豆科 Fabaceae 刺槐属 *Robinia* 别名：金叶洋槐

【形态特征】落叶乔木，高达25 m。干皮纵深裂。奇数羽状复叶互生，具小叶7～19，小叶椭圆形，长2～5 cm，全缘，先端微凹并有小刺尖。春季叶金黄色，夏季叶黄绿色，秋季叶橙黄色。总状花序腋生，花冠白色，芳香，雄蕊二体；子房线状长圆形，被短白毛，花柱几乎弯成直角。荚果扁平，线状长圆形，长3～11 cm，褐色，光滑，含3～10粒种子，2瓣裂。花果期5—9月。

【原产地】北美洲。

【繁殖方式】嫁接繁殖。

【栖息地类型】路边、苗圃地。

【主要用途】园林观赏彩叶树种。

【分布地区】彭阳县。

毛洋槐 | *Robinia hispida*

科属：豆科 Fabaceae　刺槐属 *Robinia*　别名：江南槐、毛刺槐

【形态特征】落叶灌木，高1~3 m。幼枝密被紫红色硬腺毛及白色曲柔毛，二年生枝密被褐色刚毛，叶轴被刚毛及白色短曲柔毛，上有沟槽。小叶5~7（8）对，椭圆形、卵形、阔卵形至近圆形。总状花序腋生，有花3~8朵，苞片卵状披针形，花萼紫红色，斜钟状，花冠红色至玫瑰红色，花瓣具柄，旗瓣近肾形；雄蕊二体，花药椭圆形；子房近圆柱形，密布腺状突起，沿腹缝线微被柔毛，柱头顶生，胚珠多数。荚果线形，果颈短，有种子3~5粒。花期5—6月，果期7—10月。

【原产地】北美洲。

【繁殖方式】嫁接繁殖。

【栖息地类型】公园绿地、小区。

【主要用途】园林观赏植物。

【分布地区】银川市。

红花刺槐 | *Robinia pseudoacacia* f. *decaisneana*

科属：豆科 Fabaceae 刺槐属 *Robinia* 别名：红花洋槐

【形态特征】落叶乔木，高达25 m。枝具托叶刺。羽状复叶互生，叶片卵形或长圆形，先端圆或微凹，具芒尖，基部圆形。花两性；总状花序下垂；花萼稍二唇形，反曲，翼瓣弯曲，龙骨瓣内弯；花冠粉红色，芳香。果条状长圆形，腹缝有窄翅。花期4—5月，果期9—10月。

【原产地】北美洲。

【繁殖方式】嫁接繁殖。

【栖息地类型】路边、公园、小区等。

【主要用途】园林观赏植物。

【分布地区】宁夏各地均有栽培。

旱金莲 | *Tropaeolum majus*

科属：旱金莲科 Tropaeolaceae　旱金莲属 *Tropaeolum*　别名：旱莲花、荷叶七

【形态特征】一年生蔓生草本。叶互生，叶柄长6～31 cm，向上扭曲，盾状；叶圆形，直径3～10 cm，具波状浅缺刻，下面疏被毛或有乳凸点。花黄色、紫色、橘红色或杂色，直径2.5～6 cm；花托杯状；萼片5，长椭圆状披针形，长1.5～2 cm，基部合生，其中1片延长成长距；花瓣5，常圆形，边缘具缺刻，上部2片全缘，长2.5～5 cm，着生于距开口处，下部3片基部具爪，近爪处边缘具睫毛；雄蕊8，长短互间，分离。果扁球形，成熟时分裂成3个具1粒种子的小果。花期6—10月，果期7—11月。

【原产地】南美洲秘鲁、巴西等地。

【繁殖方式】种子繁殖。

【栖息地类型】公园、绿化带、小区绿地或庭院。

【主要用途】园林观赏植物。

【分布地区】银川市、泾源县、隆德县、原州区。

花叶火炬树 | *Rhus typhina* f. *laciniata*

科属：漆树科 Anacardiaceae　盐麸木属 *Rhus*　别名：裂叶火炬树

【**形态特征**】落叶小乔木，高达8 m。分枝少，小枝密生长茸毛。小叶11～31，长椭圆状披针形，宽可达 5 cm，上部羽状深裂，下部羽状全裂，小裂片线状披针形或披针形，边缘具不规则羽状深裂或全缘。雌雄异株，花淡绿色，有短柄；圆锥花序顶生，密被毛。果红色，有毛，密集成火炬形。

【**原产地**】北美洲。

【**繁殖方式**】根蘖繁殖或扦插繁殖。

【**栖息地类型**】植物园、公园。

【**主要用途**】园林观赏植物。

【**分布地区**】银川市。

火烈鸟梣叶槭 | *Acer negundo* ‘Flamingo’

科属：槭树科 Aceraceae　槭属 *Acer*　别名：粉叶梣叶槭、粉叶复叶槭

【形态特征】小乔木。树皮灰褐色，枝叶浓密，枝条直，小枝光滑。奇数羽状复叶对生，幼叶粉色，成熟叶白色与绿色相间。花单性，无花瓣，雄花花序伞状，下垂，花梗长1~3.5 cm，花小，子房无茸毛。翅果有粉色、绿色相间条纹，无茸毛。花期4—6月，果期8—9月。

【原产地】北美洲。

【繁殖方式】嫁接繁殖。

【栖息地类型】植物园。

【主要用途】彩叶观赏植物。

【分布地区】银川市。

花叶梣叶槭 | *Acer negundo* var. *variegatum*

科属：槭树科 Aceraceae 槭属 *Acer* 别名：花叶复叶槭

【形态特征】落叶乔木，速生树种，高10 m左右。树皮灰褐色，枝叶浓密，枝条直，小枝光滑。奇数羽状复叶对生，幼叶黄白色，成熟叶黄白色与绿色相间，卵形或卵状椭圆形，总柄嫩时疏被柔毛，后无毛，叶背平滑，入秋叶金黄色。花单性，无花瓣。花期4—5月，果期9月。

【原产地】欧洲。

【繁殖方式】嫁接繁殖。

【栖息地类型】植物园。

【主要用途】彩叶观赏植物。

【分布地区】银川市。

金叶梣叶槭 | *Acer negundo* ‘Aureum’

科属：槭树科 Aceraceae 槭属 *Acer* 别名：金叶复叶槭

【形态特征】落叶乔木，高可达18 m。树皮深黄色。小枝柱形，无茸毛，一年生枝淡绿色，多年生枝深黄色。冬芽较小，鳞片2。羽状复叶，长8~26 cm，叶片金黄色，纸质，椭圆形，长7~11 cm，宽1.5~4.5 cm，先端渐尖，基部楔形，边缘具齿；小叶柄长2.5~4.5 cm，淡绿色，无茸毛。雄花花序伞状，下垂，花梗长1~3.5 cm，花小，淡黄色，先叶开花，雌雄异株，雄蕊4~6，花丝较长，子房无茸毛。翅果，无茸毛。花期4—6月，果期8—9月。

【原产地】北美洲。

【繁殖方式】嫁接繁殖或扦插繁殖。

【栖息地类型】路边、公园。

【主要用途】彩叶观赏植物。

【分布地区】宁夏各地均有栽培。

紫叶挪威槭 | *Acer platanoides* 'Crimson King'

科属：槭树科 Aceraceae　槭属 *Acer*　别名：紫叶挪威枫

【形态特征】落叶小乔木，高8~10 m。枝条粗壮，树皮表面有细长条纹。叶星形，对生，浅裂，叶缘锯齿状，叶脉手掌状，叶片长10~20 cm。叶片春、夏季深紫铜色，秋季紫红色。花朵淡红色、栗黄色或绿色，花茎红色。翅果长2.5~7.5 cm，绿色、红色或棕色，翼翅紫色。花期4月，果期9—10月。

【原产地】欧洲。

【繁殖方式】嫁接繁殖。

【栖息地类型】公园绿地。

【主要用途】彩叶观赏植物。

【分布地区】银川市。

红花槭 | *Acer rubrum*

科属：槭树科 Aceraceae 槭属 *Acer* 别名：美国红枫、北美红枫、加拿大红枫

【形态特征】大型乔木，高达30 m，冠幅12 m，树冠椭圆形或圆形。茎干光滑无毛，有皮孔。叶片手掌状，叶背面灰绿色。花簇生，红色或淡黄色，小而繁密，先叶开放。翅果红色，长2.5～5 cm。

【原产地】北美洲。

【繁殖方式】嫁接繁殖或扦插繁殖。

【栖息地类型】路边、公园。

【主要用途】园林观赏植物。本种新叶及花红色，秋季叶亮红色，是世界著名的秋色叶树种。

【分布地区】银川市、泾源县、原州区。

蜀葵状锦葵 | *Malva alcea*

科属：锦葵科 Malvaceae 锦葵属 *Malva*

【形态特征】多年生直立草本，高30～120 cm。茎灰绿色，被稀疏柔毛。掌状复叶2～3回分裂。花序总状，花梗长1.5～2 cm，疏被柔毛；小苞片3，两面均被柔毛；花萼钟状，5裂，裂片三角状卵形，被柔毛；花冠粉色，直径约4 cm；花瓣5，倒卵形，长约2 cm。分果扁球形，直径约7 mm。种子肾形，中间凹陷，成熟后黑色，果皮密被长刺毛。花期6—9月，果期8—10月。

【原产地】欧洲。

【繁殖方式】种子繁殖。

【栖息地类型】路边。

【主要用途】观赏植物。本种种子量大，易入侵扩散，应控制栽培区域。

【分布地区】隆德县。

三月花葵 | *Malva trimestris*

科属：锦葵科 Malvaceae　锦葵属 *Malva*　别名：裂叶花葵

【形态特征】一年生草本，高达2 m，全株被柔毛。叶肾形，茎上部叶卵形，常3~5裂。花单生于叶腋，花梗长1.5~4 cm，疏被粗伏毛状柔毛；小苞片3，具齿，长约8 mm，下半部合生，两面均被柔毛；花萼钟状，5裂，裂片三角状卵形，略长于小苞片，密被星状柔毛；花冠淡紫色至紫色，直径约6 cm；花瓣5，倒卵形，长约3 cm；雄蕊柱长0.8~1 cm；花柱基部盘状，花柱分枝10~18，心皮10~18。分果扁球形，直径约7 mm，果皮近膜质，透明，具平展条纹或网纹。种子肾形。花期4—8月。

【原产地】地中海地区。

【繁殖方式】种子繁殖。

【栖息地类型】路边绿化带、景区绿地。

【主要用途】园林观赏植物。

【分布地区】隆德县。

水牛果 | *Shepherdia argentea*

科属：胡颓子科 Elaeagnaceae 野牛果属 *Shepherdia* 别名：银水牛果

【形态特征】多年生灌木，高5.5 m。叶窄，质地紧密，具有类似胡颓子属的银色，长2~6 cm，秋季落叶，叶色不变。花小，黄色。果实红色至橙红色，具有银色斑点，味酸。花期3—4月，果熟期8—9月。

【原产地】美国北部。

【繁殖方式】种子繁殖或扦插繁殖。

【栖息地类型】植物园、公园。

【主要用途】园林观赏植物。

【分布地区】银川市。

花叶连翘 | *Forsythia suspensa* 'Variegata'

科属：木樨科 Oleaceae　连翘属 *Forsythia*

【形态特征】小灌木，高1~3 m。枝下垂或平展，茎四方形，绿色至灰褐色。叶对生，卵状椭圆形或倒卵形，长2~6 cm，中部以上叶有粗齿，纸质，叶表面或边缘有黄色斑点。总状花序排成松散圆锥状，顶生；花小且通常着生在中轴的一侧，高脚碟状；花冠深黄色。花期5—10月。

【原产地】墨西哥、巴西。

【繁殖方式】扦插繁殖。

【栖息地类型】苗圃或植物园。

【主要用途】彩叶观赏植物。

【分布地区】银川市、彭阳县。

秋紫白蜡 | *Fraxinus americana* 'Autumn Purple'

科属：木樨科 Oleaceae　梣属 *Fraxinus*　别名：秋紫蜡

【形态特征】落叶小乔木，树冠较开张。羽状复叶，具小叶7~9，叶片较大，最长可达15 cm；叶脉较突出，边缘有稀锯齿。叶10月初变为紫红色，鲜艳美丽，彩叶期可持续半个月左右。

【原产地】北美洲。

【繁殖方式】嫁接繁殖。

【栖息地类型】校园绿地。

【主要用途】彩叶观赏植物。

【分布地区】永宁县。

美国红梣 | *Fraxinus pennsylvanica*

科属：木樨科 Oleaceae 梣属 *Fraxinus* 别名：洋白蜡

【形态特征】落叶乔木。小枝红棕色，圆柱形，被黄色柔毛或无毛。羽状复叶长18～40 cm；叶轴密被灰黄色柔毛；小叶7～9，薄革质，长圆状披针形或椭圆形，长4～13 cm，先端渐尖或尖，基部宽楔形，具不明显钝齿或近全缘，上面无毛，下面疏被绢毛；小叶近无柄。圆锥花序生于去年生枝上；雄花与两性花异株，与叶同放；花梗纤细，被柔毛；具花萼；无花冠。翅果窄倒披针形，长3～5 cm，宽4～7 mm，中上部最宽，先端钝圆或具短尖头，翅下延至坚果中部。花期4月，果期8—10月。

【原产地】美国东海岸至落基山脉一带。

【繁殖方式】种子繁殖。

【栖息地类型】路边、公园、农田边、小区及村旁。

【主要用途】行道树。

【分布地区】宁夏各地均有栽培。

美丽马利筋 | *Asclepias speciosa*

科属：萝藦科 Asclepiadaceae　马利筋属 *Asclepias*

【形态特征】多年生直立草本，高达80 cm，全株有白色乳汁。茎淡灰色，无毛或有微毛。叶膜质，披针形至椭圆状披针形，长6～14 cm，宽1～4 cm。聚伞花序顶生或腋生，有花10～20朵；花萼裂片披针形，被柔毛；花冠紫红色，裂片长圆形，长5 mm，宽3 mm，反折；副花冠生于合蕊冠上，5裂，黄色，匙形，有柄，内有舌状片。蓇葖果披针形，长6～10 cm，直径1～1.5 cm，两端渐尖。种子卵圆形，长约6 mm，宽3 mm，顶端具白色绢质种毛；种毛长2.5 cm。花期几乎全年，果期8—12月。

【原产地】北美洲中西部。

【繁殖方式】种子繁殖。

【栖息地类型】植物园。

【主要用途】观赏植物，具有潜在的入侵性。

【分布地区】银川市。

天蓝绣球 | *Phlox paniculata*

科属：花荵科 Polemoniaceae　天蓝绣球属 *Phlox*　别名：宿根福禄考

【形态特征】多年生草本，茎直立，高达1 m。叶对生，有时3叶轮生，叶片长圆形或卵状披针形，长7.5～12 cm，先端渐尖，基部楔形，全缘，两面疏被短柔毛，无柄或具短柄。花密集，顶生伞房状圆锥花序；花梗和花萼近等长；花萼筒状，裂片钻形，短于萼筒，被微柔毛或腺毛；花冠淡红色、红色、白色或紫色，花冠筒长达3 cm，被柔毛，冠檐裂片倒卵形，先端圆，全缘，较花冠筒短，平展；雄蕊及花柱与花冠等长或稍长。蒴果卵圆形，稍长于萼筒。种子卵球形，黑色或褐色，具粗糙皱纹。

【原产地】北美洲东部。

【繁殖方式】种子繁殖。

【栖息地类型】路边绿化带、公园。

【主要用途】园林观赏植物。

【分布地区】隆德县。

针叶天蓝绣球 | *Phlox subulata*

科属：花荵科 Polemoniaceae　天蓝绣球属 *Phlox*　别名：丛生福禄考

【形态特征】多年生矮小草本。茎丛生，铺散，多分枝，被柔毛。叶对生或簇生于节上，钻状线形或线状披针形，长1~1.5 cm。花数朵生于枝顶，组成简单的聚伞花序；花梗纤细，长0.7~1 cm，密被短柔毛；花萼长6~7 mm，外面密被短柔毛；花冠高脚碟状，淡红色、紫色或白色，长约2 cm，裂片倒卵形，先端凹，短于花冠管，长约6 mm。蒴果长圆形，高约4 mm。花期4—8月。

【原产地】北美洲。

【繁殖方式】种子繁殖。

【栖息地类型】路边绿化带、公园绿地。

【主要用途】园林观赏植物。

【分布地区】银川市、泾源县。

邱园蓝莸 | *Caryopteris* × *clandonensis* ‘Kew Blue’

科属：马鞭草科 Verbenaceae　莸属 *Caryopteris*

【形态特征】小灌木，高约80 cm。茎方形，疏被柔毛或无毛。叶膜质，卵圆形、卵状披针形至长圆形，长2～14 cm，宽1.2～5 cm，两面疏生柔毛或背面的毛较密。二歧聚伞花序腋生，苞片披针形至线形；花萼杯状，外面被柔毛，长2～4 mm，结果时增大近1倍，顶端5浅裂，裂齿三角形；花冠紫色或红色，长1～2 cm，顶端5裂，裂片全缘，下唇中裂片较大，花冠管长1～1.5 cm；雄蕊4，与花柱均伸出花冠管外；子房无毛，有或无腺点。蒴果黑棕色，4瓣裂，无毛，无翅，有网纹。花期7—8月，果期8—9月。

【原产地】欧洲。

【繁殖方式】扦插繁殖或种子繁殖。

【栖息地类型】植物园、公园绿地。

【主要用途】园林观赏植物。

【分布地区】银川市。

金叶莸 | *Caryopteris* × *clandonensis* ‘Worcester Gold’

科属：马鞭草科 Verbenaceae　莸属 *Caryopteris*

【形态特征】落叶灌木，高50～60 cm，枝条圆柱形。单叶对生，叶长卵形，长3～6 cm，先端尖，基部圆形，边缘有粗齿，叶面光滑，鹅黄色，叶背具银色毛。聚伞花序紧密，腋生于枝条上部，自下而上开放；花萼钟状，二唇形裂，下萼片大而有细条状裂；花冠、雄蕊、雌蕊均为淡蓝色，花紫色。花期7—9月。

【原产地】北美洲。

【繁殖方式】扦插繁殖。

【栖息地类型】公园、小区绿地、绿化带、路旁。

【主要用途】园林观赏植物。

【分布地区】银川市、彭阳县、原州区等。

细叶美女樱 | *Glandularia tenera*

科属：马鞭草科 Verbenaceae　美女樱属 *Glandularia*

【形态特征】多年生草本，高20～30 cm。茎基部稍木质化，匍匐生长，节部生根。枝条细长，四棱形，微生毛。叶对生，二回羽状深裂，裂片线形，两面疏生短硬毛，先端尖，全缘，有短柄。穗状花序顶生，开花后呈伞房状，多数小花密集排列其上，花冠筒状，花色丰富，有白色、粉红色、玫瑰红色、大红色、紫色、蓝色。蒴果黑色。花果期4—10月。

【原产地】巴西、秘鲁和乌拉圭等美洲热带地区。

【繁殖方式】种子繁殖。

【栖息地类型】绿化带、公园绿地。

【主要用途】园林观赏植物。

【分布地区】银川市、泾源县。

美国薄荷 | *Monarda didyma*

科属：唇形科 Lamiaceae　美国薄荷属 *Monarda*

【形态特征】多年生草本。茎近无毛，节及上部沿棱被长柔毛，后脱落。叶卵状披针形，长达10 cm。轮伞花序组成直径达6 cm的头状花序；小苞片线状钻形，被微柔毛，带红色；花梗长约1 mm，被微柔毛；花萼稍弯，长约1 cm，直径2.5 mm，干时紫红色，沿脉被短柔毛，喉部内面疏被长硬毛，萼齿钻状三角形，长约1 mm，具硬刺尖头；花冠紫红色，长约2.5 cm，被微柔毛，花冠筒内面被微柔毛，上唇直立，稍外弯，全缘，下唇平展，3裂，中裂片较狭长，先端微缺。花期7—8月。

【原产地】美洲。

【繁殖方式】种子繁殖。

【栖息地类型】植物园、公园、绿化带。

【主要用途】园林观赏植物。

【分布地区】银川市。

假龙头花 | *Physostegia virginiana*

科属：唇形科 Lamiaceae　假龙头花属 *Physostegia*　别名：假龙头草、随意草

【形态特征】多年生草本，高约100 cm。茎直立，丛生，四棱形，地下具匍匐状根茎。叶亮绿色，披针形，长达12 cm，先端渐尖，边缘有锐齿。穗状花序顶生，长可达30 cm，小花花冠唇形，花冠筒长2.5 cm，花粉红色或淡紫红色。花期7—9月。

【原产地】北美洲。

【繁殖方式】种子繁殖。

【栖息地类型】公园、绿化带。

【主要用途】园林观赏植物。

【分布地区】银川市、泾源县。

彩苞鼠尾草 | *Salvia viridis*

科属：唇形科 Lamiaceae　鼠尾草属 *Salvia*　别名：粉萼鼠尾草

【形态特征】一年生或多年生草本，高40～60 cm。叶对生，长椭圆形，先端钝尖，基部钝，叶表面有凹凸状织纹，叶缘具睫毛，有香味。总状花序，花梗具毛，花蓝紫色，唇瓣浅粉色，花梗上部具纸质苞片，紫色，有深色条纹。花期夏季。

【原产地】地中海地区至伊朗一带。

【繁殖方式】种子繁殖。

【栖息地类型】公园绿地、路边绿化带。

【主要用途】园林观赏植物。彩苞鼠尾草的花序奇特，顶部的纸质苞片极为艳丽，小花精致，观赏性极佳，可于公园、绿地、庭院等片植或丛植。

【分布地区】原州区。

蓝花鼠尾草 | *Salvia farinacea*

科属：唇形科 Lamiaceae　鼠尾草属 *Salvia*

【形态特征】多年生草本，丛生，高30～60 cm。分枝较多，有毛。茎下部叶为二回羽状复叶，茎上部叶为一回羽状复叶，顶生小叶披针形或菱形，侧生叶卵状披针形；叶对生，被白色茸毛，椭圆形，长3～5 cm，有叶柄，全缘或具钝锯齿，质地厚，表面有褶皱。轮伞花序，有花2～6朵，组成顶生假总状或圆锥花序，长20～35 cm，花蓝色，唇形，上唇瓣小，下唇瓣大，花谢后宿存。花期4—10月。

【原产地】地中海地区及南欧。

【繁殖方式】种子繁殖。

【栖息地类型】花坛、公园绿地。

【主要用途】观赏花卉，常用于道路绿化、花坛和园林景点美化。

【分布地区】银川市。

金鱼草 | *Antirrhinum majus*

科属：玄参科 Scrophulariaceae　金鱼草属 *Antirrhinum*　别名：龙口花、洋彩雀

【形态特征】多年生直立草本，茎基部有时木质化，高可达80 cm。茎基部无毛，中上部被腺毛。下部叶对生。总状花序顶生，密被腺毛；花梗长5~7 mm；花萼与花梗近等长，5深裂，裂片卵形，钝或急尖；雄蕊4，二强。蒴果卵形，长约15 mm，基部向前延伸，被腺毛，顶端孔裂。花期6—9月。

【原产地】地中海地区。

【繁殖方式】种子繁殖。

【栖息地类型】公园、绿化带。

【主要用途】园林观赏植物。

【分布地区】银川市。

台尔曼忍冬 | *Lonicera tellmanniana*

科属：忍冬科 Caprifoliaceae　忍冬属 *Lonicera*

【形态特征】落叶藤本。单叶对生，叶长椭圆形，长6～10 cm，花序下1～2对叶合生呈盘状。3～4轮花组成直立的穗状花序，生于侧枝顶端，长10～12 cm，每轮6朵花，花橙色；花冠二唇形，花冠筒长5～6 cm。3—11月开花，花期长。

【原产地】美国。

【繁殖方式】扦插繁殖。

【栖息地类型】植物园。

【主要用途】园林观赏植物。

【分布地区】银川市。

白雪果 | *Symphoricarpos albus*

科属：忍冬科 Caprifoliaceae　毛核木属 *Symphoricarpos*　别名：白毛核木

【形态特征】落叶灌木，高1~2 m，冬芽具2对鳞片。株形开张，枝拱形下垂。叶对生，光滑，椭圆形至卵形，蓝绿色，边缘略波浪状。总状花序簇生于枝顶或叶腋；花冠钟状，粉红色，下垂，常1~3朵簇生，花冠筒基部稍呈浅囊状，内面被长柔毛；雄蕊5~4，着生于花冠筒，内藏或稍伸出。浆果圆球形，最初淡绿色，但在夏末到初秋成熟时变为乳白色。核卵圆形，多少扁；种子具胚乳，胚小。花期6—7月，果熟期8月，果经冬不落。

【原产地】美国北部和加拿大。

【繁殖方式】种子繁殖或扦插繁殖。

【栖息地类型】植物园。

【主要用途】园林观赏植物。

【分布地区】银川市。

红王子锦带花 | *Weigela florida* ‘Red Prince’

科属：忍冬科 Caprifoliaceae　锦带花属 *Weigela*

【形态特征】灌木，高达3 m。幼枝有2列短柔毛。叶具短柄或近无柄，椭圆形至倒卵状椭圆形，长5～10 cm，顶端渐尖，基部近圆形至楔形，边缘有锯齿，上面疏生短柔毛，尤以中脉为甚，下面的毛较上面密。聚伞花序生于短枝叶腋和顶端；花大，鲜红色；萼筒长12～15 mm，裂片5，长8～12 mm，下部合生；花冠漏斗状钟形，长3～4 cm，外疏生微毛，裂片5；雄蕊5，着生于花冠中部以上，稍短于花冠。蒴果长1.5～2 cm，顶有短柄状喙，疏生柔毛，2瓣室间开裂。种子微小而多数。花期5—7月。

【原产地】美国。

【繁殖方式】扦插繁殖。

【栖息地类型】公园、绿化带、小区绿地。

【主要用途】园林观赏植物。

【分布地区】银川市、灵武市、泾源县。

联毛紫菀 | *Symphyotrichum novi - belgii*

科属：菊科 Asteraceae 联毛紫菀属 *Symphyotrichum* 别名：荷兰菊

【形态特征】多年生草本，高30～80 cm。须根较多，有地下根茎。茎丛生，多分枝。叶长圆形至条状披针形，长1.5～1.2 cm，宽0.6～3 cm，先端渐尖，基部渐狭，全缘或有浅锯齿；上部叶无柄，基部微抱茎；花序下部叶较小，线状披针形，光滑，幼嫩时微呈紫色。头状花序顶生，总苞钟状，舌状花蓝紫色、紫红色等，管状花黄色。瘦果长圆形。花果期8—10月。

【原产地】北美洲。

【繁殖方式】种子繁殖。

【栖息地类型】公园绿地、小区庭院。

【主要用途】园林观赏植物。

【分布地区】银川市。

大丽花 | *Dahlia pinnata*

科属：菊科 Asteraceae　大丽花属 *Dahlia*
别名：大理花、天竺牡丹、大理菊、大丽菊、地瓜花

【形态特征】多年生草本，高达2 m。块根棒状，茎多分枝。叶一至三回羽状全裂，上部叶有时不裂，裂片卵形或长圆状卵形，下面灰绿色，两面无毛。头状花序有长花序梗，常下垂，直径6～12 cm；总苞片外层叶质，卵状椭圆形，内层膜质，椭圆状披针形；舌状花1层，白色、红色或紫色，常卵形，先端有不明显3齿，或全缘；管状花黄色，有时栽培种全为舌状花。瘦果长圆形，长0.9～1.2 cm，黑色，有不明显3齿。花期6—10月，果期9—10月。

【原产地】墨西哥。

【繁殖方式】块根繁殖。

【栖息地类型】公园、小区绿地、农村庭院。

【主要用途】园林观赏植物。

【分布地区】宁夏各地均有栽培。

蒿子杆 | *Glebionis carinata*

科属：菊科 Asteraceae　茼蒿属 *Glebionis*　别名：茼蒿

【形态特征】一年生草本，茎直立，高20～70 cm。基生叶花期枯萎；中下部茎生叶倒卵形至长椭圆形，长8～10 cm。二回羽状分裂，一回深裂或几全裂，侧裂片3～8对；二回深裂或浅裂，裂片披针形、斜三角形或线形，宽1～4 mm。头状花序通常2～8个生于茎枝顶端；总苞直径1.5～2.5 cm，总苞片4层，内层长约1 cm。舌片长15～25 mm。舌状花瘦果有3条宽翅肋；管状花瘦果两侧压扁，有2条突起的肋；余肋稍明显。花果期6—8月。

【原产地】非洲。

【繁殖方式】种子繁殖。

【栖息地类型】房前屋后、菜园。

【主要用途】常见蔬菜。

【分布地区】宁夏各地均有栽培。

莴 苣 | *Lactuca sativa*

科属：菊科 Asteraceae　莴苣属 *Lactuca*

【形态特征】一年生草本，高25～100 cm，茎直立，单生。基生叶及下部茎生叶大，不分裂，倒披针形、椭圆形或椭圆状倒披针形，顶端急尖、短渐尖或圆形，无柄；圆锥花序分枝上部及下部的叶极小，卵状心形，无柄。头状花序多数或极多数，在茎枝顶端排成圆锥花序。瘦果倒披针形，压扁，浅褐色，顶端急尖成细喙，喙细丝状，与瘦果几等长。花果期2—9月。

【原产地】地中海地区至西亚。

【繁殖方式】种子繁殖。

【栖息地类型】房前屋后、菜园。

【主要用途】常见蔬菜，栽培品种有莴笋、卷心莴苣等。

【分布地区】宁夏各地均有栽培。

滨 菊 | *Leucanthemum vulgare*

科属：菊科 Asteraceae　滨菊属 *Leucanthemum*　别名：法国菊

【形态特征】多年生草本，高15～80 cm。茎直立，通常不分枝。基生叶花期生存，长椭圆形、倒披针形、倒卵形或卵形，长3～8 cm，宽1.5～2.5 cm；中下部茎生叶长椭圆形或线状长椭圆形，向基部收窄，耳状或近耳状半抱茎，中部以下或近基部有时羽状浅裂；上部叶渐小，有时羽状全裂。头状花序单生于茎顶，有长花梗，或茎生2～5个头状花序，排成疏松伞房状；总苞直径10～20 mm，苞片无毛，边缘白色或褐色，膜质。舌片长10～25 mm。瘦果长2～3 mm，无冠毛，或舌状花瘦果有长达0.4 mm 的侧缘冠齿。花果期5—10月。

【原产地】欧洲。

【繁殖方式】以种子和浅的匍匐根茎繁殖。

【栖息地类型】公园绿地、庭院、河岸等。

【主要用途】观赏植物，多用于庭院绿化或布置花境。

【分布地区】银川市、泾源县。

蛇鞭菊 | *Liatris spicata*

科属：菊科 Asteraceae　蛇鞭菊属 *Liatris*　别名：麒麟菊、马尾花

【形态特征】多年生草本，具球茎。茎直立，不分枝。基生叶狭带形，先端尖，全缘，长20～30 cm；茎生叶密集，交替互生于茎上，线形，长5～10 cm，先端钝圆，叶无柄，绿色，全缘。头状花序排成穗状，小花紫色或白色，由上而下次第开放，好似响尾蛇的尾巴，呈鞭形。花期夏、秋季。

【原产地】美国东部地区。

【繁殖方式】种子繁殖。

【栖息地类型】绿化带及公园绿地。

【主要用途】园林观赏植物，常用作切花。

【分布地区】银川市、彭阳县、泾源县。

蛇目菊 | *Sanvitalia procumbens*

科属：菊科 Asteraceae　蛇目菊属 *Sanvitalia*　别名：小波斯菊

【形态特征】一年生草本，高达50 cm。茎平卧或斜升，多少被毛。叶菱状卵形或长圆状卵形，长1.2~2.5 cm，全缘，稀具齿，两面疏被贴伏短毛。头状花序单生于茎枝顶端，直径约1 cm；总苞片被毛，外层基部软骨质，上部草质；雌花10~12朵，舌状，黄色或橙黄色，顶端具3齿；两性花暗紫色，顶端5齿裂；托片膜质，长圆状披针形，麦秆黄色。雌花瘦果压扁，三棱形，顶端具3芒刺；两性花瘦果三棱形至扁，暗褐色，顶端具2芒刺或无芒刺，边缘有狭翅，外面有白色瘤状突起或无小瘤而成细纵肋。

【原产地】北美洲。

【繁殖方式】以种子繁殖为主，亦可用嫩枝扦插繁殖。

【栖息地类型】路旁、绿化带及公园绿地。

【主要用途】观赏植物。

【分布地区】银川市。

唐菖蒲 | *Gladiolus gandavensis*

科属：鸢尾科 Iridaceae　唐菖蒲属 *Gladiolus*　别名：剑兰、十样锦

【形态特征】多年生草本。球茎扁球形，直径2.5～4.5 cm，有棕黄色膜质包被。叶基生或在花茎基部互生，剑形，有数条纵脉及突出中脉，基部鞘状，先端渐尖，嵌叠状排成2列，长40～60 cm，宽2～4 cm。花茎不分枝，高50～80 cm。穗状花序顶生；花下有膜质苞片2；花无梗，两侧对称，黄色、红色、白色或粉红色，直径6～8 cm；花被筒弯曲，花被裂片卵圆形或椭圆形，上方3片稍大；雄蕊3，着生于花被筒，长5～6 cm；花柱长约6 cm，柱头3裂。蒴果椭圆形或倒卵圆形。种子扁，有翅。花期7—9月，果期8—10月。

【原产地】北美洲。

【繁殖方式】球茎繁殖。

【栖息地类型】公园绿地、农村庭院。

【主要用途】观赏植物，可用作切花。

【分布地区】隆德县、泾源县。

黄菖蒲 | *Iris pseudacorus*

科属：鸢尾科 Iridaceae 鸢尾属 *Iris* 别名：黄花鸢尾、水生鸢尾

【形态特征】多年生草本，根状茎粗壮，直径达2.5 cm。基生叶灰绿色，宽剑形，中脉明显，长40～60 cm，宽1.5～3 cm。花茎粗壮，高60～70 cm，上部分枝；苞片3～4，膜质，绿色，披针形；花黄色，直径10～11 cm；花被筒长约1.5 cm；外花被裂片卵圆形或倒卵形，长约7 cm，无附属物，中部有黑褐色花纹；内花被裂片倒披针形，长约2.7 cm；雄蕊长约3 cm，花药黑紫色；花柱分枝淡黄色，长约4.5 cm，顶端裂片半圆形；子房绿色，三棱状柱形，长约2.5 cm。花期5月，果期6—8月。

【原产地】欧洲。

【繁殖方式】种子繁殖或分株繁殖。

【栖息地类型】河湖水边、公园绿地。

【主要用途】观赏植物。

【分布地区】银川市、泾源县。

丝带草 | *Phalaris arundinacea* var. *picta*

科属：禾本科 Poaceae　虉草属 *Phalaris*

【形态特征】多年生草本，有根茎。秆通常单生或少数丛生，高60～140 cm，有6～8节。叶鞘无毛，叶舌薄膜质，长2～3 mm；叶片扁平，绿色而有白色条纹，柔软而似丝带，幼嫩时微粗糙，长6～30 cm，宽1～1.8 cm。圆锥花序紧密、狭窄，长8～15 cm，分枝直向上举，密生小穗；小穗长4～5 mm，无毛或有微毛；颖沿脊上粗糙，上部有极狭的翼；孕花外稃宽披针形，长3～4 mm，上部有柔毛，内稃舟形，背具1脊，脊的两侧疏生柔毛；花药长2～2.5 mm；不孕花外稃2，退化为线形，具柔毛。花果期6—8月。

【原产地】美洲和欧洲。

【繁殖方式】种子繁殖或分株繁殖。

【栖息地类型】公园绿地。

【主要用途】园林观赏植物。

【分布地区】银川市、青铜峡市。

大花美人蕉 | *Canna × generalis*

科属：美人蕉科 Cannaceae 美人蕉属 *Canna*

【形态特征】多年生草本，高1~1.5 m。根茎肥大，有块状地下茎。叶大，螺旋状排列，有明显的中脉和羽状平行脉，叶柄圆形，鞘状抱茎，无叶舌，绿色或紫红色；茎生叶具白粉，叶片阔椭圆形。花朵较大，直径可达20 cm，花瓣直伸，具瓣化雄蕊4，花色有乳白色、黄色、橘红色、粉红色、大红色至紫红色。花期秋季。

【原产地】美洲、印度。

【繁殖方式】种子繁殖或根茎无性繁殖。

【栖息地类型】公园、小区、绿化带。

【主要用途】园林观赏植物。

【分布地区】银川市、石嘴山市。

美人蕉 *Canna indica*

科属：美人蕉科 Cannaceae　美人蕉属 *Canna*　别名：蕉芋

【形态特征】多年生草本，高可达1.5 m，全株绿色。叶片卵状长圆形，长10~30 cm，宽达10 cm。总状花序疏花，略超出于叶片；花红色，单生；花冠管长不及1 cm，花冠裂片披针形，长3~3.5 cm，绿色或红色；外轮退化雄蕊3~2枚，鲜红色，其中2枚倒披针形，另外1枚如存在则特别小；唇瓣披针形，长3 cm，弯曲；发育雄蕊长2.5 cm，花药室长6 mm；花柱扁平，长3 cm，一半和发育雄蕊的花丝合生。蒴果绿色，长卵形，有软刺，长1.2~1.8 cm。花果期3—12月。

【原产地】印度。

【繁殖方式】种子繁殖或根茎无性繁殖。

【栖息地类型】公园、小区、绿化带。

【主要用途】园林观赏植物，本种花较小，主要观赏叶。

【分布地区】银川市、石嘴山市。

第三部分

入侵植物

大麻 | *Cannabis sativa*

科属：桑科 Moraceae　大麻属 *Cannabis*　别名：火麻、线麻

【形态特征】一年生直立草本，高1～3 m。枝具纵沟槽，密生灰白色贴伏毛。叶掌状全裂，裂片披针形或线状披针形，长7～15 cm，中裂片最长，宽0.5～2 cm，先端渐尖，基部狭楔形，表面深绿色，微被糙毛，背面幼时密被灰白色贴伏毛，后变无毛，边缘具向内弯的粗锯齿；托叶线形。雄花序长达25 cm；雄花黄绿色，花被5，膜质，外面被细贴伏毛，雄蕊5；雌花绿色，花被1，紧包子房，略被小毛；子房近球形。瘦果为宿存黄褐色苞片所包，果皮坚脆，表面具细网纹。花期5—6月，果期7—10月。

【原产地】不丹、印度及中亚。

【传入方式】有意引入。

【传播途径】人为引种传播。

【繁殖方式】种子繁殖。

【危害性】侵入农田危害作物，但发生量相对较小，危害轻。

【防控措施】加强种植地管理，控制种子的扩散。

【栖息地类型】路旁、沟渠、庭院、绿化带及城市废弃地。

【分布地区】海原县、银川市、隆德县、原州区、同心县。

垂序商陆 | *Phytolacca americana*

科属：商陆科 Phytolaccaceae　商陆属 *Phytolacca*
别名：垂穗商陆、美国商陆、美商陆、美洲商陆、洋商陆

【形态特征】多年生草本，高1～2 m。根粗壮，肥大，倒圆锥形。茎直立，圆柱形，有时带紫红色。叶片椭圆状卵形或卵状披针形，长9～18 cm，宽5～10 cm，顶端急尖，基部楔形；叶柄长1～4 cm。总状花序顶生或侧生，长5～20 cm；花梗长6～8 mm；花白色，微带红晕，直径约6 mm；花被片5，雄蕊、心皮及花柱通常均为10，心皮合生。果序下垂；浆果扁球形，成熟时紫黑色。种子肾圆形，直径约3 mm。花期6—8月，果期8—10月。

【原产地】北美洲。

【传入方式】有意引入。

【传播途径】人为引种栽培是其主要传播途径，自然环境中其种子主要通过食果动物尤其是鸟类取食而传播。

【繁殖方式】种子繁殖，也可以根茎繁殖。

【危害性】全株有毒，尤其是根部和果实，对人及家畜的健康造成危害。

【防控措施】加强对干扰生境的监管，在果实成熟前将垂序商陆种群清除，以控制其结实和种子散布。

【栖息地类型】路边荒地、房前屋后以及农田或公园绿地。

【分布地区】彭阳县、同心县、隆德县、灵武市。

紫茉莉 | *Mirabilis jalapa*

科属：紫茉莉科 Nyctaginaceae　紫茉莉属 *Mirabilis*
别名：丁香叶、地雷花、粉豆花、胭脂花、状元花

【形态特征】一年生草本，高50～100 cm。茎多分枝，节稍肿大。叶卵形或卵状三角形，先端渐尖，基部平截或心形，全缘。花常数朵簇生于枝顶，总苞钟状，5裂；花被紫红色、黄色或杂色，花被筒高脚碟状，檐部5浅裂，午后开放，有香气，次日午前凋萎；雄蕊5。瘦果球形，黑色，革质，具皱纹。种子胚乳白粉质。花果期6—10月。

【原产地】美洲热带地区。

【传入方式】有意引入。

【传播途径】人为引种传播。

【繁殖方式】种子繁殖，也可以肉质根和茎段进行营养繁殖。

【危害性】紫茉莉具化感作用，可抑制当地植物的生长；种子和肉质根均有毒。

【防控措施】加强种植地管理，控制种子的扩散。

【栖息地类型】公园绿地、小区。

【分布地区】惠农区、银川市。

夜香紫茉莉 *Mirabilis nyctaginea*

科属：紫茉莉科 Nyctaginaceae　紫茉莉属 *Mirabilis*

【形态特征】多年生直立草本，地下具球状鳞茎。叶基生，小叶扁圆状倒心形，长1~4 cm，宽1.5~6 cm，表面绿色，被毛或近无毛，背面浅绿色，通常两面或有时仅边缘有干后呈棕黑色的小腺体。总花梗基生，二歧聚伞花序，通常排成伞形花序；花瓣5，倒心形，长1.5~2 cm，为萼长的2~4倍，淡紫色至紫红色，基部颜色较深；雄蕊10枚，长的5枚超出花柱，另外5枚长至子房中部，花丝被长柔毛；子房5室，花柱5，被锈色长柔毛，柱头2浅裂。花果期6—10月。

【原产地】美洲热带地区。

【传入方式】自然传播。

【传播途径】通过园林花卉贸易等远距离无意散播。

【繁殖方式】种子繁殖。

【危害性】杂草，适应性广、生命力顽强，较难铲除。

【防控措施】加强种植地管理，控制种子的扩散。

【栖息地类型】绿化带。

【分布地区】银川市。

大花马齿苋 | *Portulaca grandiflora*

科属：马齿苋科 Portulacaceae　马齿苋属 *Portulaca*
别名：太阳花、洋马齿苋、松叶牡丹

【形态特征】一年生草本，高达30 cm。茎平卧或斜升，紫红色，多分枝，节有簇生毛。叶密集于枝顶，较下部的叶不规则互生，细圆柱形，叶腋常簇生白色长柔毛。花单生或数朵簇生于枝顶，直径2.5～4 cm，日开夜闭；叶状总苞8～9，轮生，被白色长柔毛。花瓣5或重瓣，倒卵形，先端微凹，长1.2～3 cm，红色、紫色、黄色或白色；雄蕊多数，长5～8 mm，花丝紫色，基部合生；花柱长5～8 mm，柱头5～9，线形。蒴果近椭圆形，盖裂。种子圆肾形，直径不及1 mm，深灰色、灰褐色或灰黑色，有光泽，被小瘤。花期6—9月，果期8—11月。

【原产地】巴西。

【传入方式】有意引入。

【传播途径】人为引种传播。

【繁殖方式】种子繁殖。

【危害性】作为园林观赏植物栽培，宁夏未发生入侵危害。

【防控措施】加强种植地管理，控制种了的扩散。

【栖息地类型】小区庭院。

【分布地区】银川市、泾源县。

麦仙翁 | *Agrostemma githago*

科属：石竹科 Caryophyllaceae　麦仙翁属 *Agrostemma*　别名：麦毒草

【形态特征】一年生草本，高60~90 cm，全株密被白色长硬毛。茎单生，直立，不分枝或上部分枝。叶片线形或线状披针形，长4~13 cm，宽（2）5~10 mm，基部微合生，抱茎。花单生，直径约30 mm，萼裂片线形，长20~30 mm；花瓣紫红色，比花萼短，爪狭楔形，白色，无毛，瓣片倒卵形，微凹缺；雄蕊微外露，花丝无毛；花柱外露，被长毛。蒴果卵形，长12~18 mm，微长于宿存萼，裂齿5，外卷。种子不规则卵形或圆肾形，长2.5~3 mm，黑色，具棘凸。花期6—8月，果期7—9月。

【原产地】地中海地区。

【传入方式】无意传入。

【传播途径】随农业活动、粮食贸易传播扩散。

【繁殖方式】种子繁殖。

【危害性】全株尤其是种子有毒，且易混入粮食中，对人、畜和家禽健康造成危害。

【防控措施】该种为有毒杂草，应列为区域性检疫对象，坚持产地检疫。

【栖息地类型】公园绿地、绿化带。

【分布地区】贺兰县。

无瓣繁缕 | *Stellaria apetala*

科属：石竹科 Caryophyllaceae　繁缕属 *Stellaria*　别名：小繁缕

【形态特征】一年生草本。茎通常铺散，有时上升，基部分枝有1列长柔毛，但绝不被腺柔毛。叶小，叶片近卵形，长5~8 mm，有时达1.5 cm，顶端急尖，基部楔形，两面无毛，上部及中部者无柄，下部者具长柄。二歧聚伞花序；花梗细长；萼片披针形，长3~4 mm，顶端急尖，稀卵圆状披针形而近钝，多少被密柔毛，稀无毛；花瓣无或小，近于退化；雄蕊 3~5（10）；花柱极短。种子小，淡红褐色，直径0.7~0.8 mm，具不显著的小瘤凸，边缘多少锯齿状或近平滑。

【原产地】欧洲。

【传入方式】无意传入。

【传播途径】随农业活动、种子及花卉苗木的贸易传播扩散。

【繁殖方式】种子繁殖。

【危害性】生长季节生长良好，迅速蔓延，影响农业生产，增加耕作成本。

【防控措施】重视对这一类未列入检疫杂草名单的境外杂草的检疫与防除，精选种子。

【栖息地类型】温室、河岸、荒地、菜园以及园林绿地。

【分布地区】宁夏各地均有分布。

麦蓝菜 | *Vaccaria hispanica*

科属：石竹科 Caryophyllaceae　麦蓝菜属 *Vaccaria*　别名：麦蓝子、王不留行

【形态特征】一年生草本，全株无毛，灰绿色。茎直立，二歧分枝。叶对生，叶片卵状披针形至披针形，基部微抱茎；托叶缺。花两性，伞房花序或圆锥花序；花萼狭卵形，具5翅状棱，花后下部膨大，萼齿5；雌雄蕊柄极短；花瓣5，淡红色，微凹缺或全缘，具长爪；副花冠缺；雄蕊10，通常不外露；子房1室，具多数胚珠；花柱2。蒴果卵形，基部4室，顶端4齿裂。种子多数，近圆球形，具小瘤。花期5—7月，果期6—8月。

【原产地】欧洲至西亚。

【传入方式】无意传入。

【传播途径】随农业活动、种子及花卉苗木贸易传播扩散。

【繁殖方式】种子繁殖。

【危害性】一般入侵杂草。

【防控措施】加强种植地管理，控制种子的扩散。

【栖息地类型】绿化带、公园、小区绿地。

【分布地区】银川市、隆德县。

四翼滨藜 | *Atriplex canescens*

科属：藜科 Chenopodiaceae 滨藜属 *Atriplex* 别名：四翅滨藜

【形态特征】准常绿灌木，高1～2 m。枝条密集，树干灰黄色。叶互生，条形和披针形，绿色，长1.5～6.8 cm；叶表面绿色，稍有白色粉粒，背面灰绿色，粉粒较多。无明显主茎，分枝较多，当年生嫩枝绿色或绿红色，木质化枝白色或灰白色，表面有裂纹。花单性或两性，雌雄同株或异株。胞果有不规则的果翅2～4，果翅膜质。种子卵形。花期5—7月，7月中下旬开始挂果，9月下旬成熟。

【原产地】美国。

【传入方式】作为盐碱地改良植物和饲草有意引入。

【繁殖方式】种子繁殖、扦插繁殖。

【危害性】作为生态和水土保持植物，未发生入侵危害。

【防控措施】加强种植地管理，控制种子的扩散。

【栖息地类型】路边、林带、铁路护坡。

【分布地区】银川市、吴忠市、灵武市。

灰绿藜 | *Chenopodium glaucum*

科属：藜科 Chenopodiaceae　藜属 *Chenopodium*　别名：灰条

【形态特征】一年生草本，高20～40 cm。茎平卧或外倾，具条棱及绿色或紫红色色条。叶片矩圆状卵形至披针形，长2～4 cm，宽6～20 mm，肥厚，边缘具缺刻状牙齿，上面无粉，下面有粉而呈灰白色。花两性兼有雌性，通常数朵聚成团伞花序，再于分枝上排成间断而通常短于叶的穗状或圆锥状花序；花被裂片3～4，浅绿色，稍肥厚，通常无粉。胞果顶端露出花被外，果皮膜质，黄白色。种子扁球形，直径0.75 mm，横生、斜生及直立，暗褐色或红褐色，边缘钝，表面有细点纹。花果期5—10月。

【原产地】美洲热带地区。

【传入方式】无意传入。

【传播途径】随农业活动、水流等传播扩散。

【繁殖方式】种子繁殖。

【危害性】恶性田间杂草。

【防控措施】在其开花结果前及时拔除或使用除草剂。

【栖息地类型】农田、村庄、绿化带、河岸。

【分布地区】宁夏各地均有分布。

杂配藜 | *Chenopodium hybridum*

科属：藜科 Chenopodiaceae 藜属 *Chenopodium* 别名：大叶藜、血见愁

【形态特征】一年生草本，高40～120 cm。茎直立，粗壮，具淡黄色或紫色条棱，上部有疏分枝，无粉或枝上稍有粉。叶片宽卵形至卵状三角形，长6～15 cm，宽5～13 cm，两面均呈亮绿色。花两性兼有雌性，通常数朵团集，在分枝上排成开散的圆锥状花序；花被裂片5，狭卵形，先端钝，背面具纵脊并稍有粉，边缘膜质；雄蕊5。胞果双凸镜状，果皮膜质，有白色斑点，与种子贴生。种子横生，与胞果同形，直径通常2～3 mm，黑色，无光泽，表面具明显的圆形深洼或凹凸不平；胚环形。花果期7—9月。

【原产地】欧洲及西亚。

【传入方式】无意传入。

【传播途径】通过农业活动、园林花卉贸易、种子运输等远距离无意散播。

【繁殖方式】种子繁殖。

【危害性】在水分状况良好的沟谷湿地中常形成单优种群落，排挤本地物种，破坏生态平衡。

【防控措施】在其开花结果前及时拔除。

【栖息地类型】林缘、山坡灌丛、沟谷草地、田间地头、路边荒地等。

【分布地区】宁夏各地均有分布。

刺沙蓬 | *Salsola ruthenica*

科属：藜科 Chenopodiaceae 猪毛菜属 *Salsola* 别名：刺蓬

【形态特征】一年生草本，高达1 m。茎直立，基部多分枝，常被短硬毛及色条。叶半圆柱形或圆柱形，长1.5～4 cm，直径1～1.5 mm，先端具短刺尖。花着生于枝条上部组成穗状花序；苞片窄卵形，先端锐尖，基部边缘膜质；小苞片卵形；花被片窄卵形，膜质，无毛，1脉，果时变硬，外轮花被片的翅状附属物肾形或倒卵形，内轮花被片的翅状附属物窄，直径0.7～1 cm，花被片翅以上部分近革质，向中央聚集，先端膜质；柱头丝状，长为花柱的3～4倍。种子横生，直径约2 mm。花期8—9月，果期9—10月。

【原产地】中亚、西亚、南欧。

【传入方式】自然传播。

【传播途径】通过农业活动、园林花卉贸易、种子运输等远距离无意散播。

【繁殖方式】种子繁殖。

【危害性】田间杂草，危害农作物及园林景观。

【防控措施】使用除草剂，其对大多数用于阔叶杂草的标准除草剂很敏感。

【栖息地类型】沟谷草地、田间地头、路边荒地等。

【分布地区】宁夏各地均有分布。

凹头苋 | *Amaranthus blitum*

科属：苋科 Amaranthaceae 苋属 *Amaranthus* 别名：凹叶苋菜、野苋、紫苋

【形态特征】一年生草本，高10～30 cm，全株无毛。茎伏卧而上升，基部分枝，紫绿色或红色，光滑。叶互生，卵形或菱状卵形，顶端圆钝而有凹缺，基部宽楔形，叶柄与叶片等长。花簇腋生，穗状花序或圆锥花序；花被片3，膜质。花期7—8月，果期8—9月。

【原产地】美洲热带地区。

【传入方式】无意传入。

【传播途径】通过水流、风力、鸟类和其他动物（取食后排泄）传播，也可随农具污染传播。

【繁殖方式】种子繁殖。

【危害性】主要杂草，广泛生长于田间、草原、果园、种植园以及苗圃中。

【防控措施】在苗期采用传统的耕作方式容易控制，因其对大多数除草剂较为敏感，可对其进行化学防除。

【栖息地类型】喜生于沙质土壤，特别是肥沃的土地。

【分布地区】银川市、泾源县。

尾穗苋 | *Amaranthus caudatus*

科属：苋科 Amaranthaceae　苋属 *Amaranthus*
别名：仙人谷、籽粒苋、老枪谷

【形态特征】一年生草本，高达1.5 m。茎粗壮，幼时被柔毛，后渐脱落。叶菱状卵形或菱状披针形，长4～15 cm。穗状圆锥花序顶生，下垂，分枝多数，中央花穗尾状，雌花和雄花密集成簇；苞片披针形，透明，先端尾尖，疏生齿，具中脉；花被片长2～2.5 mm，红色，先端凸尖，具中脉，雄花花被片长圆形，雌花花被片长圆状披针形；雄蕊稍突出；柱头3，长不及1 mm。胞果近球形，直径3 mm，露出花被片。种子近球形，直径1 mm，淡褐黄色。花期7—8月，果期9—10月。

【原产地】墨西哥。

【传入方式】有意引入。

【传播途径】人为引种传播。

【繁殖方式】种子繁殖。

【危害性】作为观赏植物在宁夏引种栽培，偶见野外逸生。

【防控措施】加强种植地管理，控制种子的扩散。

【栖息地类型】庭院或村旁路边。

【分布地区】海原县、泾源县、原州区。

老鸦谷 | *Amaranthus cruentus*

科属：苋科 Amaranthaceae　苋属 *Amaranthus*　别名：鸦谷、天雪米、繁穗苋

【形态特征】一年生草本，高达2 m。茎直立，单一或分枝，具钝棱，近无毛。叶卵状长圆形或卵状披针形，长4～13 cm，先端尖或钝圆，具芒尖，基部楔形。花单性或杂性，穗状圆锥花序直立，后下垂；苞片和小苞片钻形，绿色或紫色，背部中脉突出顶端成长芒；花被片膜质，绿色或紫色，顶端具短芒；雄蕊较花被片稍长。胞果卵形，盖裂，与宿存花被等长。花期6—7月，果期9—10月。

【原产地】美洲。

【传入方式】有意引入。

【传播途径】人为引种传播。

【繁殖方式】种子繁殖。

【危害性】作为观赏植物在宁夏引种栽培，偶见野外逸生。

【防控措施】加强种植地管理，控制种子的扩散。

【栖息地类型】庭院或村旁路边。

【分布地区】银川市、平罗县。

绿穗苋 | *Amaranthus hybridus*

科属：苋科 Amaranthaceae　苋属 *Amaranthus*

【形态特征】一年生草本，高30～50 cm。茎直立，分枝，上部近弯曲，有开展柔毛。叶片卵形或菱状卵形，长3～4.5 cm，宽1.5～2.5 cm，顶端急尖或微凹，具凸尖，基部楔形。圆锥花序顶生，细长，上部稍弯曲，有分枝，由穗状花序组成，中间花穗最长；苞片及小苞片钻状披针形，长3.5～4 mm，中脉坚硬，绿色，向前伸出成芒尖；花被片矩圆状披针形，长约2 mm；柱头3。胞果卵形，长2 mm，环状横裂，超出宿存花被片。种子近球形，直径约1 mm，黑色。花期7—8月，果期9—10月。

【原产地】美洲。

【传入方式】无意传入。

【传播途径】通过风力、农机具、水流、肥料、鸟类及其他动物（取食后排泄）传播。

【繁殖方式】种子繁殖。

【危害性】主要杂草，降低作物采收效率，还可富集硝酸盐引起中毒。

【防控措施】幼苗期拔除，成熟植株采用机械防除。

【栖息地类型】耕地、绿化带、路边。

【分布地区】银川市、永宁县、原州区、青铜峡市、泾源县、彭阳县。

千穗谷 | *Amaranthus hypochondriacus*

科属：苋科 Amaranthaceae　苋属 *Amaranthus*

【形态特征】一年生草本。茎绿色或紫红色，分枝，无毛或上部微有柔毛。叶片菱状卵形或矩圆状披针形，具凸尖，基部楔形，无毛，上面常带紫色；叶柄无毛。圆锥花序顶生，直立，圆柱形，不分枝或分枝，由多数穗状花序组成，花簇在花序上排列极密；苞片绿色或紫红色，背部中脉隆起；花被片矩圆形，绿色或紫红色。胞果近菱状卵形，环状横裂，绿色，上部带紫色，超出宿存花被。种子近球形，白色，边缘锐。花期7—8月，果期8—9月。

【原产地】墨西哥。

【传入方式】有意引入。

【传播途径】人为引种传播，或通过鸟类和其他动物（取食后排泄）传播。

【繁殖方式】种子繁殖。

【危害性】宁夏作为观赏植物引种栽培，偶见野外逸生。

【防控措施】加强种植地管理，控制种子的扩散。

【栖息地类型】小区绿化带、农村庭院、村旁。

【分布地区】原州区。

反枝苋 | *Amaranthus retroflexus*

科属：苋科 Amaranthaceae 苋属 *Amaranthus*
别名：绿苋、人苋菜、西风谷、苋菜

【形态特征】一年生草本，高20～80 cm，有时达1 m。茎直立，粗壮，密生短柔毛。叶片菱状卵形或椭圆状卵形，长5～12 cm，宽2～5 cm，顶端锐尖或尖凹，有小凸尖，两面及边缘有柔毛，下面毛较密。圆锥花序顶生及腋生，由多数穗状花序组成；苞片及小苞片钻形，长4～6 mm，白色，背面有1龙骨状突起，伸出顶端成白色芒尖；花被片矩圆形或矩圆状倒卵形，薄膜质，白色，有1淡绿色细中脉；柱头3，有时2。胞果扁卵形，环状横裂，包裹在宿存花被片内。种子近球形，棕色或黑色。花期7—8月，果期8—9月。

【原产地】美洲。

【传入方式】无意传入。

【传播途径】通过风力、农机具、水流、堆肥、鸟类及部分昆虫传播。

【繁殖方式】种子繁殖。

【危害性】恶性杂草，会导致大豆、玉米、棉花、甜菜、高粱和多种蔬菜作物持续减产。

【防控措施】幼苗期拔除，成熟植株采用机械防除，应注意防止其从机械损伤中恢复并产生腋生花序。

【栖息地类型】适生于各种类型和质地的土壤，低湿地以至干燥的丘陵地。

【分布地区】宁夏各地均有分布。

刺 苋 | *Amaranthus spinosus*

科属：苋科 Amaranthaceae 苋属 *Amaranthus*

【形态特征】一年生草本，高80～150 cm。茎粗壮，常分枝，幼时有毛或无毛。叶片卵形、菱状卵形或披针形，长4～10 cm，宽2～7 cm，无毛。花簇腋生，或同时具顶生花簇，组成下垂的穗状花序；花簇球形，直径5～15 mm，雄花和雌花混生；苞片及小苞片卵状披针形，长2.5～3 mm，透明，顶端有1长芒尖，背面具1绿色或红色隆起中脉；雄蕊比花被片长或短。胞果卵状矩圆形，长2～2.5 mm，环状横裂，包裹在宿存花被片内。种子近圆形或倒卵形，直径约1 mm，黑色或黑棕色，边缘钝。花期5—8月，果期7—9月。

【原产地】美洲热带地区。

【传入方式】无意传入。

【传播途径】自交亲和，风媒传粉。种子可通过水流和风力自然扩散。

【繁殖方式】种子繁殖。

【危害性】危害玉米、蔬菜、红薯等作物，导致其减产。植株富含硝酸盐，导致家畜中毒。

【防控措施】使用除草剂，其对大多数用于阔叶杂草的标准除草剂很敏感。

【栖息地类型】耕地、果园、菜地、牧场和次生林。

【分布地区】银川市。

苋 | *Amaranthus tricolor*

科属：苋科 Amaranthaceae　苋属 *Amaranthus*
别名：三色苋、老来少、老少年、雁来红

【形态特征】一年生草本，高达1.5 m。茎粗壮，绿色或红色，常分枝。叶片卵形、菱状卵形或披针形，长4～10 cm。花簇腋生，组成下垂穗状花序，花簇球形，直径0.5～1.5 cm，雄花和雌花混生；苞片卵状披针形，长2.5～3 mm，顶端具长芒尖；花被片长圆形，长3～4 mm，绿色或黄绿色，顶端具长芒尖，背面具绿色或紫色中脉。胞果卵状长圆形，长2～2.5 mm，环状横裂，包裹在宿存花被片内。种子近球形或倒卵形，直径约1 mm，黑色或黑褐色，边缘钝。花期6—8月，果期8—10月。

【原产地】印度。

【传入方式】有意引入。

【传播途径】人为引种传播，或通过鸟类和其他动物（取食后排泄）传播。

【繁殖方式】种子繁殖。

【危害性】作为蔬菜常见栽培，偶见野外逸生。

【防控措施】严格管理栽培区域，野外逸生时及时拔除。

【栖息地类型】农田、房前屋后菜地。

【分布地区】银川市、平罗县。

皱果苋 | *Amaranthus viridis*

科属：苋科 Amaranthaceae　苋属 *Amaranthus*　别名：绿苋

【形态特征】一年生草本，高40~80 cm，整株无毛。茎直立，有不明显棱角。叶片卵形、卵状矩圆形或卵状椭圆形，长3~9 cm，宽2.5~6 cm，顶端尖凹或凹缺，有1芒尖。圆锥花序顶生，有分枝，由穗状花序组成，圆柱形，细长，直立，顶生花穗比侧生花穗长；花被片矩圆形或宽倒披针形，长1.2~1.5 mm，内曲，顶端急尖，背部有1绿色隆起中脉；柱头3或2。胞果扁球形，直径约2 mm，绿色，不裂，极皱缩，超出花被片。种子近球形，直径约1 mm，黑色或黑褐色，具薄且锐的环状边缘。花期6—8月，果期8—10月。

【原产地】美洲热带地区。

【传入方式】无意传入。

【传播途径】种子通过水流、风力、农机具污染或鸟类和其他动物（取食后排泄）传播。

【繁殖方式】种子繁殖。

【危害性】菜地和秋季旱作物田间杂草，可与凹头苋杂交，猪食用后会中毒。

【防控措施】在玉米、高粱和番茄等农作物中，使用三嗪类除草剂和草克净等可以有效控制其生长。

【栖息地类型】适应性广，是热带、亚热带及温带地区常见杂草。

【分布地区】永宁县、贺兰县。

鸡冠花 | *Celosia cristata*

科属：苋科 Amaranthaceae　青葙属 *Celosia*　别名：老来红、凤尾鸡冠、红鸡冠

【形态特征】一年生草本，高30~50 cm。茎直立。叶片卵形、卵状披针形或披针形，宽2~6 cm。花多数，极密生，组成扁平肉质鸡冠状、卷冠状或羽毛状的穗状花序，一个大花序下面有数个较小的分枝，圆锥状矩圆形，表面羽毛状；花被片红色、紫色、黄色、橙色或红色黄色相间。花果期7—9月。

【原产地】美洲热带地区。

【传入方式】有意引入。

【传播途径】人为引种传播。

【繁殖方式】种子繁殖。

【危害性】作为园林观赏植物栽培，宁夏未发生入侵危害。

【防控措施】加强种植地管理，控制种子的扩散。

【栖息地类型】公园、绿化带及城市废弃地。

【分布地区】银川市、泾源县、隆德县、大武口区。

千日红 | *Gomphrena globosa*

科属：苋科 Amaranthaceae　千日红属 *Gomphrena*　别名：火球花、百日红

【形态特征】一年生直立草本，高20～60 cm。茎粗壮，有分枝，枝略呈四棱形，节部稍膨大。叶片纸质，长椭圆形或矩圆状倒卵形，长3.5～13 cm，宽1.5～5 cm。花多数，密生，组成顶生球形或矩圆形头状花序，单一或2～3个，直径2～2.5 cm，常紫红色，有时淡紫色或白色。胞果近球形，直径2～2.5 mm。种子肾形，棕色，光亮。花果期6—9月。

【原产地】美洲热带地区。

【传入方式】有意引入。

【传播途径】人为引种传播。

【繁殖方式】种子繁殖。

【危害性】作为园林观赏植物栽培，宁夏未发生入侵危害。

【防控措施】加强种植地管理，控制种子的扩散。

【栖息地类型】公园绿地、绿化带。

【分布地区】银川市、大武口区。

紫穗槐 | *Amorpha fruticosa*

科属：豆科 Fabaceae　紫穗槐属 *Amorpha*　别名：椒条、穗花槐

【形态特征】落叶灌木，丛生，高1~4 m。小枝灰褐色，疏被毛，后变无毛，嫩枝密被短柔毛。叶互生，奇数羽状复叶，具小叶11~25。穗状花序常1个至数个顶生和枝端腋生，长7~15 cm，密被短柔毛；花有短梗；苞片长3~4 mm；花萼长2~3 mm，疏被毛或几无毛，萼齿三角形，较萼筒短；旗瓣心形，紫色，无翼瓣和龙骨瓣；雄蕊10，下部合生成鞘，上部分裂，包于旗瓣之中，伸出花冠外。荚果下垂，长6~10 mm，宽2~3 mm，微弯曲，顶端具小尖，棕褐色，表面有凸起的疣状腺点。花果期5—10月。

【原产地】美国东北部及东南部。

【传入方式】有意引入。

【传播途径】人为引种传播。

【繁殖方式】种子繁殖。

【危害性】作为园林和生态树种在宁夏栽培，未发生入侵危害。

【防控措施】严格管理栽培区域。

【栖息地类型】水渠边、河道边、绿化带、公园、路边。

【分布地区】宁夏各地均有栽培。

绣球小冠花 | *Coronilla varia*

科属：豆科 Fabaceae　小冠花属 *Coronilla*　别名：小冠花

【形态特征】多年生草本。茎直立，粗壮，多分枝，疏展，高0.5~1 m。奇数羽状复叶，具小叶11~17，托叶小，膜质。花5~10（20），密集排列呈绣球状；苞片2，披针形，宿存；花梗短；小苞片2，披针形，宿存；花萼膜质，萼齿短于萼管；花冠紫色、淡红色或白色，有明显紫色条纹，长0.8~1.2 cm，旗瓣近圆形，翼瓣近长圆形；龙骨瓣先端喙状，喙紫黑色，向内弯曲。荚果细长，圆柱形，稍扁，具4棱，顶端有宿存的喙状花柱，荚节长约1.5 cm，各荚节有1粒种子。种子长圆状倒卵形，光滑，黄褐色。花期6—7月，果期8—9月。

【原产地】欧洲至地中海地区。

【传入方式】有意引入。

【传播途径】人为引种栽培后逸为野生。

【繁殖方式】种子繁殖或营养繁殖。

【危害性】杂草，不易清理。

【防控措施】加强栽培管理，防止逸为野生。

【栖息地类型】公路旁、绿地、荒地。

【分布地区】泾源县、同心县、银川市。

苜 蓿 | *Medicago sativa*

科属：豆科 Fabaceae　苜蓿属 *Medicago*　别名：紫苜蓿、紫花苜蓿

【形态特征】多年生草本，高30～100 cm。根粗壮。茎直立、丛生以至平卧，四棱形，无毛或微被柔毛，枝叶茂盛。羽状三出复叶，小叶长卵形、倒长卵形至线状卵形，上面无毛，深绿色，下面被贴伏柔毛。花序总状或头状，长1～2.5 cm，具花5～30朵；总花梗挺直，比叶长；花冠淡黄色、深蓝色至暗紫色。荚果螺旋状紧卷2～4（6）圈，中央无孔或近无孔，直径5～9 mm，被柔毛或渐脱落，脉纹细，不清晰，成熟时棕色；有种子10～20粒。种子卵形，长1～2.5 mm，平滑，黄色或棕色。花期5—7月，果期6—8月。

【原产地】西亚。

【传入方式】有意引入。

【传播途径】人为引种栽培后逸为野生或混杂于农作物种子中传播。

【繁殖方式】种子繁殖或营养繁殖。

【危害性】旱地杂草，有时危害农作物、果园等造成减产，有时抑制当地乡土植物生长，但危害不大。

【防控措施】控制引种，精选种子。

【栖息地类型】田边、沟谷、草地、路旁、旷野、河岸。

【分布地区】宁夏各地均有分布。

草木樨 | *Melilotus officinalis*

科属：豆科 Fabaceae 草木樨属 *Melilotus* 别名：黄花草木樨、黄香草木樨

【形态特征】二年生草本，高可达2.5m。茎直立，粗壮，多分枝。羽状三出复叶；托叶镰状线形，叶柄细长；小叶倒卵形、阔卵形、倒披针形至线形，上面无毛，粗糙，下面散生短柔毛，顶生小叶稍大。总状花序腋生，具花，初时稠密，花开后渐疏松；苞片刺毛状，花梗与苞片等长或稍长。萼片钟状，萼齿三角状披针形；花冠黄色，旗瓣倒卵形。荚果卵形。种子卵形，黄褐色，平滑。花期5—9月，果期6—10月。

【原产地】西亚至南欧。

【传入方式】有意引入。

【传播途径】人为引种栽培后逸为野生。

【繁殖方式】种子繁殖或营养繁殖。

【危害性】旱地杂草，对公路两侧植物多样性和景观已造成一定的危害。

【防控措施】控制引种，避免将种子带入农田，出现入侵时可以人工拔除或用化学除草剂来防除。

【栖息地类型】路边、田边、荒地、果园、山坡、河道。

【分布地区】宁夏各地均有分布。

白花草木樨 | *Melilotus albus*

科属：豆科 Fabaceae　草木樨属 *Melilotus*　别名：白香草木樨

【形态特征】一、二年生草本，高70～200 cm。茎直立，圆柱形，中空。羽状三出复叶；托叶尖刺状锥形；小叶长圆形或倒披针状长圆形，长15～30 cm，宽6～12 mm。总状花序长9～20 cm，腋生，具花40～100朵，排列疏松，蝶形花冠白色；子房卵状披针形，上部渐窄至花柱，无毛，胚珠3～4。荚果椭圆形至长圆形，长3～3.5 mm，先端锐尖，具尖喙，表面脉纹细，网状，棕褐色，老熟后变黑褐色；有种子1～2粒。种子卵形，棕色，表面具细瘤点。花期5—7月，果期7—9月。

【原产地】西亚至南欧。

【传入方式】有意引入。

【传播途径】人为引种栽培后逸为野生。

【繁殖方式】种子繁殖或营养繁殖。

【危害性】一般入侵杂草，主要危害果园，有时侵入农田，但危害程度较轻。

【防控措施】控制引种，避免将种子带入农田，出现入侵时可以人工拔除或用化学除草剂来防除。

【栖息地类型】田边、路旁、山坡草丛、沟边湿地。

【分布地区】宁夏各地均有分布。

刺　槐 | *Robinia pseudoacacia*

科属：豆科 Fabaceae　刺槐属 *Robinia*　别名：洋槐

【形态特征】落叶乔木，高10～25 m；树皮浅裂至深纵裂。小枝初被毛，后无毛；具托叶刺。羽状复叶，具小叶2～12对，常对生。总状花序腋生，长10～20 cm，下垂；花芳香；花冠白色，花瓣均具瓣柄，旗瓣近圆形，反折，翼瓣斜倒卵形，与旗瓣几等长，长约1.6 cm，龙骨瓣镰状，三角形；雄蕊二体；子房线形，无毛，花柱钻形，顶端具毛，柱头顶生。荚果线状长圆形，褐色或具红褐色斑纹，扁平，无毛，先端上弯，果颈短，沿腹缝线具窄翅；花萼宿存，具2～15粒种子。种子近肾形，种脐圆形，偏于一端。花期4—6月，果期8—9月。

【原产地】北美洲。

【传入方式】有意引入。

【传播途径】引种栽培后自然繁殖。

【繁殖方式】种子繁殖。

【危害性】作为园林和生态树种在宁夏栽培，种子飘落后在草坪、田地已形成入侵扩散。

【防控措施】控制栽培规模。

【栖息地类型】林地、绿化带、路边、公园绿地。

【分布地区】宁夏各地均有分布。

杂种车轴草 | *Trifolium hybridum*

科属：豆科 Fabaceae　车轴草属 *Trifolium*　别名：杂车轴草

【形态特征】多年生草本，高30~60 cm。掌状三出复叶，具3小叶；小叶卵形至宽卵形，长1.5~3 cm，宽1~2.3 cm，先端钝圆，基部宽楔形，边缘具细锯齿；小叶近无柄；托叶大，卵形，长1~2.5 cm，宽约5 mm，具明显纵脉，先端细尖。花密集成头状花序；花梗长2~6 mm，花开放后通常下垂；花萼钟状，长约1.5 mm，萼齿三角形，长于萼筒；花冠红色或紫红色，长为花萼的2倍。荚果有种子2~3粒。花果期6—10月。

【原产地】欧洲和西亚。

【传入方式】作为优良牧草有意引入。

【传播途径】人为引种栽培传播。

【繁殖方式】营养繁殖。

【危害性】作为园林和景观植物在宁夏少量栽培，具有较强的入侵性和适应性。

【防控措施】加强栽培管理，野外逸生时及时铲除。

【栖息地类型】绿化带、路边。

【分布地区】泾源县、隆德县。

红车轴草 | *Trifolium pratense*

科属：豆科 Fabaceae　车轴草属 *Trifolium*
别名：红花车轴草、红三叶、红三叶草

【形态特征】多年生草本，高30～80 cm，有疏毛。掌状三出复叶，具3小叶；小叶椭圆状卵形至宽椭圆形，长2.5～4 cm，宽1～2 cm，先端钝圆，基部阔楔形，叶脉在边缘多少突出成不明显的细齿，下面有长毛；小叶无柄；托叶卵形，先端锐尖。花序腋生，头状，具大型总苞，总苞卵圆形，具纵脉；花萼筒状，萼齿条状披针形，最下面的1枚萼齿较长，有长毛；花冠紫色或淡紫红色。荚果小，包藏于宿存的萼内，倒卵形，长约2 mm，果膜质，具纵脉，含种子1粒。

【原产地】南非至东南亚。

【传入方式】有意引入。

【传播途径】人为引种栽培传播。

【繁殖方式】种子繁殖。

【危害性】侵入农田，危害轻微，对局部地区的蔬菜、幼林有危害。

【防控措施】严格控制栽培区域，当该种侵入田间、果园或疏林时，应及时铲除。

【栖息地类型】绿化带、路边、公园绿地。

【分布地区】彭阳县、原州区、泾源县、隆德县。

白车轴草 | *Trifolium repens*

科属：豆科 Fabaceae　车轴草属 *Trifolium*　别名：白三叶

【形态特征】多年生草本，高10～30 cm，全株无毛。茎匍匐蔓生。掌状三出复叶，托叶卵状披针形，基部抱茎呈鞘状；小叶倒卵形或近圆形，长0.8～3 cm，中脉在下面隆起，侧脉约13对。花序球形，顶生，直径1.5～4 cm，具20～50朵密集的花；花长0.7～1.2 cm，花冠白色、乳黄色或淡红色，具香气，旗瓣椭圆形，比翼瓣和龙骨瓣长近1倍，龙骨瓣稍短于翼瓣；子房线状长圆形，花柱稍长于子房。荚果长圆形，常具3粒种子。种子宽卵圆形。花果期5—10月。

【原产地】欧洲和北非。

【传入方式】有意引入。

【传播途径】人为引种栽培传播。

【繁殖方式】种子繁殖。

【危害性】侵入农田，危害轻微，对局部地区的蔬菜、幼林有危害。

【防控措施】严格防控栽培区域，当该种侵入田间、果园或疏林时，应及时铲除。

【栖息地类型】绿化带、路边、公园绿地。

【分布地区】宁夏各地均有分布。

红花酢浆草 | *Oxalis corymbosa*

科属：酢浆草科 Oxalidaceae 酢浆草属 *Oxalis*
别名：大酸味草、铜锤草、紫花酢浆草

【形态特征】多年生直立草本，具球状鳞茎。叶基生，小叶3，扁圆状倒心形，长1～4 cm，宽1.5～6 cm，先端凹缺，两侧角圆形，基部宽楔形，上面被毛或近无毛，下面疏被毛；托叶长圆形，与叶柄基部合生。花序梗长10～40 cm，被毛；花梗长0.5～2.5 cm，具披针形干膜质苞片2；萼片5，披针形，长4～7 mm，顶端具2暗红色小腺体；花瓣5，倒心形，长1.5～2 cm，淡紫色或紫红色；雄蕊10枚，5枚超出花柱，另外5枚达子房中部，花丝被长柔毛；子房5室，花柱5，被锈色长柔毛。花果期3—12月。

【原产地】美洲热带地区。

【传入方式】有意引入。

【传播途径】种子、地下鳞茎及根易随带土苗木传播，繁殖迅速。

【繁殖方式】种子和地下鳞茎繁殖。

【危害性】抗旱力强，生命力极强，已成为爆发型杂草。

【防控措施】在结果前拔除以达到防控目的。

【栖息地类型】村旁、温室、庭院。

【分布地区】银川市、泾源县。

紫叶酢浆草 | *Oxalis triangularis* ‘Urpurea’

科属：酢浆草科 Oxalidaceae　酢浆草属 *Oxalis*　别名：堇花酢浆草

【形态特征】多年生直立草本，高15~30 cm，地下生长有鳞茎，鳞茎会不断增生。叶丛生于基部，全部为根生叶。掌状复叶，具3小叶，小叶倒三角形，宽大于长，质软；叶片紫红色，部分品种的叶片内侧还镶嵌有蝴蝶般的紫黑色斑块。伞形花序，有花12~14朵，花冠5裂，淡紫色或白色。花期5—11月。

【原产地】南美洲。

【传入方式】有意引入。

【传播途径】人为引种栽培传播。

【繁殖方式】种子和地下鳞茎繁殖。

【危害性】作为观赏植物在宁夏普遍栽培，未见入侵扩散。

【防控措施】加强栽培管理，野外逸生时及时清除。

【栖息地类型】农村庭院、路旁、公园。

【分布地区】银川市、泾源县。

斑地锦草 | *Euphorbia maculata*

科属：大戟科 Euphorbiaceae　大戟属 *Euphorbia*　别名：斑地锦

【形态特征】一年生匍匐草本，高15～25 cm，含白色乳汁。根纤细；分枝较密，枝柔细，淡紫色，表面有白色细柔毛。叶小，对生，排成2列，长椭圆形，长5～8 mm，宽2～3 mm，上面暗绿色，中央具暗紫色斑纹，下面被白色短柔毛。杯状聚伞花序，单生于枝腋和叶腋，暗红色；总苞钟状，4裂；腺体4。蒴果三棱状卵球形，直径约2 mm，表面被白色短柔毛，顶端残存花柱。种子卵形，光滑。花期5—6月，果期8—9月。

【原产地】北美洲。

【传入方式】无意传入。

【传播途径】种子通过农业活动、园林花卉贸易等无意散播。

【繁殖方式】种子繁殖。

【危害性】田间杂草，影响农作物的正常生长。

【防控措施】以人工防除为主，辅以植物替代控制。

【栖息地类型】路旁、沙荒地、公园。

【分布地区】银川市、中卫市、盐池县。

银边翠 | *Euphorbia marginata*

科属：大戟科 Euphorbiaceae　大戟属 *Euphorbia*　别名：高山积雪

【形态特征】一年生草本，高达80 cm，茎基部极多分枝，常无毛。叶互生，椭圆形，长5～7 cm，叶缘白色。总苞叶2～3，椭圆形，具白色边；苞叶椭圆形，长1～2 cm，近无柄。花序单生于苞叶内或数个聚伞状着生，基部具柄，密被柔毛；总苞钟状，被柔毛，边缘5裂，裂片三角形或圆形，边缘与内侧均被柔毛；腺体4，半圆形，边缘具宽大白色附属物；雄花多数，伸出总苞；雌花1朵，伸出总苞，被柔毛；花柱分离。蒴果近球形，直径约5.5 mm。种子圆柱形，淡黄色或灰褐色，被瘤或短刺或不明显突起；无种阜。花果期6—9月。

【原产地】北美洲。

【传入方式】有意引入。

【传播途径】人为引种栽培传播。

【繁殖方式】种子繁殖。

【危害性】植株乳汁有毒，接触易引起皮肤过敏。

【防控措施】应谨慎栽培，建议不要在公路边等地栽培。

【栖息地类型】公园绿地。

【分布地区】银川市。

蓖 麻 | *Ricinus communis*

科属：大戟科 Euphorbiaceae　蓖麻属 *Ricinus*　别名：大麻子、老麻子、草麻

【形态特征】 一年生粗壮草本或草质灌木，高1～2 m。叶近圆形，长和宽达40 cm或更大，掌状7～11裂；掌状脉7～11。总状花序或圆锥花序，长15～30 cm或更长；苞片阔三角形，膜质，早落；雄花花萼裂片卵状三角形，长7～10 mm；雄蕊束众多；雌花萼片卵状披针形，长5～8 mm，凋落；子房卵形，直径约5 mm，密生软刺或无刺；花柱红色，顶部2裂，密生乳头状突起。蒴果卵球形或近球形，果皮具软刺或平滑。种子椭圆形，斑纹淡褐色或灰白色；种阜大。花果期6—9月。

【原产地】 东非。

【传入方式】 有意引入。

【传播途径】 人为引种弃置后逸生，种子可通过啮齿类动物或食谷类鸟传播。

【繁殖方式】 种子繁殖。

【危害性】 逸生后成为高危杂草，排挤本地植物或危害栽培植物。

【防控措施】 在适宜栽培区域种植。

【栖息地类型】 村旁、河岸、沟渠边。

【分布地区】 同心县、原州区。

火炬树 | *Rhus typhina*

科属：漆树科 Anacardiaceae　盐麸木属 *Rhus*　别名：鹿角漆

【形态特征】小乔木，高2～5 m。小枝密生灰色茸毛。奇数羽状复叶，具小叶19～23（11～31），长椭圆形至披针形，长5～13 cm，边缘有锯齿，先端长渐尖，基部圆形或宽楔形，上面深绿色，下面苍白色，两面有茸毛，老时脱落，叶轴无翅。圆锥花序顶生，密生茸毛，花淡绿色，雌花花柱有红色刺毛。核果深红色，密生茸毛，花柱宿存，密集呈火炬形。花期6—7月，果期8—9月。

【原产地】北美洲。

【传入方式】有意引入。

【传播途径】人为引种栽培传播，或种子近距离自然扩散。

【繁殖方式】种子、分蘖和扦插繁殖。

【危害性】易入侵农田肥沃土壤，危害果园，抑制邻近植物的生长，危害当地生态系统。

【防控措施】通过在自然植被良好的山区控制引种来达到防控目的。

【栖息地类型】绿化带、公园、小区。

【分布地区】宁夏各地均有分布。

梣叶槭 | *Acer negundo*

科属：槭树科 Aceraceae 槭属 *Acer* 别名：复叶槭、糖槭

【形态特征】乔木，高可达20 m。树皮黄褐色或灰褐色。小枝圆柱形，冬芽小，鳞片镊合状排列。羽状复叶，小叶纸质，卵形或椭圆状披针形，叶片上面深绿色，无毛，下面淡绿色，叶柄疏被短柔毛，后无毛。雄花的花序聚伞状，雌花的花序总状，均从无叶的小枝旁边生出，花小，黄绿色，先叶开放，雌雄异株，花丝很长，子房无毛。小坚果凸起。花期4—5月，果期9月。

【原产地】北美洲。

【传入方式】有意引入。

【传播途径】人为引种栽培传播，或种子随风近距离扩散。

【繁殖方式】种子繁殖。

【危害性】作为园林和生态树种在宁夏栽培，种子易落入田地、水渠而扩散。

【栖息地类型】路边、农田、村庄、公园。

【分布地区】彭阳县、原州区、隆德县、大武口区、西吉县、海原县、平罗县、贺兰县、永宁县、灵武市。

凤仙花 | *Impatiens balsamina*

科属：凤仙花科 Balsaminaceae　凤仙花属 *Impatiens*　别名：急性子、指甲花

【形态特征】一年生草本，高40～100 cm。茎肉质，直立，粗壮。叶互生，披针形，长4～12 cm，宽1～3 cm。花梗短，单生或数个簇生于叶腋，密被短柔毛；花大，通常粉红色或杂色，单瓣或重瓣；萼片2，宽卵形，疏被短柔毛；旗瓣圆形，先端凹，有小尖头，背面中肋有龙骨突；翼瓣宽大，有短柄，2裂，基部裂片近圆形，上部裂片宽斧形，先端2浅裂；唇瓣舟形，疏被短柔毛，基部突然延长成细而内弯的距；花药钝。蒴果纺锤形，密生茸毛。种子多数，球形，黑色。花期7—10月。

【原产地】南非至东南亚。

【传入方式】有意引入。

【传播途径】人为引种传播。

【繁殖方式】种子繁殖。

【危害性】作为观赏和药用植物在宁夏普遍栽培，未见入侵扩散。

【防控措施】加强栽培管理，野外逸生时及时清除。

【栖息地类型】路旁、沟渠边、绿化带及城市废弃地。

【分布地区】银川市、泾源县、隆德县、海原县等。

五叶地锦 | *Parthenocissus quinquefolia*

科属：葡萄科 Vitaceae　地锦属 *Parthenocissus*　别名：美国地锦、五叶爬山虎

【形态特征】木质藤本。小枝无毛；嫩芽红色或淡红色；卷须总状，有5～9分枝，嫩时顶端尖细而卷曲，遇附着物时扩大为吸盘。掌状复叶，具小叶5，小叶倒卵圆形、倒卵状椭圆形或外侧小叶椭圆形，长5.5～15 cm，先端短尾尖，基部楔形或宽楔形，有粗锯齿，两面无毛或下面脉上疏被柔毛。圆锥状多歧聚伞花序假顶生，花序轴明显，长8～20 cm，花序梗长3～5 cm；花萼碟形，边缘全缘，无毛；花瓣长椭圆形。果球形，直径1～1.2 cm，有种子1～4粒。花期6—7月，果期8—10月。

【原产地】北美洲东部。

【传入方式】有意引入。

【传播途径】人为引种传播。

【繁殖方式】种子、扦插、压条繁殖。

【危害性】被其攀附的树木枝条会大量死亡，影响树的生长和生存。

【防控措施】严格控制引种以达到防控目的。

【栖息地类型】喜阳光和湿润、肥沃的土壤环境。

【分布地区】彭阳县、原州区、盐池县、青铜峡市、大武口区、隆德县、西吉县、海原县、同心县、陶乐县、惠农区、平罗县、贺兰县、永宁县、灵武市。

苘 麻 | *Abutilon theophrasti*

科属：锦葵科 Malvaceae　苘麻属 *Abutilon*　别名：磨盘草

【形态特征】一年生亚灌木状草本，高1～2 m，茎枝被柔毛。叶互生，圆心形，长5～10 cm，先端长渐尖，基部心形，两面均密被星状柔毛。花单生于叶腋，花梗长1～13 cm，被柔毛，近顶端具节；花萼杯状，密被短茸毛，裂片5，卵形，长约6 mm；花黄色，花瓣倒卵形，长约1 cm；雄蕊柱平滑无毛；心皮15～20，长1～1.5 cm，顶端平截，具扩展、被毛的长芒2，排成轮状，密被软毛。蒴果半球形，直径约2 cm，长约1.2 cm，分果爿15～20，被粗毛，顶端具长芒2。种子肾形，褐色，被星状柔毛。花期7—8月。

【原产地】印度。

【传入方式】有意引入。

【传播途径】早期人为引种，现已自然扩散。

【繁殖方式】种子繁殖。

【危害性】常见杂草，危害程度较轻。

【防控措施】在花期之前人工拔除以达到防控目的。

【栖息地类型】路旁、荒地和田野间。

【分布地区】平罗县、永宁县。

野西瓜苗 | *Hibiscus trionum*

科属：锦葵科 Malvaceae　木槿属 *Hibiscus*　别名：香铃草

【形态特征】一年生草本，常平卧，稀直立，高20～70 cm。茎柔软，被白色星状粗毛。茎下部叶圆形，不裂或稍浅裂，上部叶掌状，3～5深裂，中裂片较长，两侧裂片较短。花单生于叶腋；花萼钟状，淡绿色，长1～2 cm，裂片5，膜质，具紫色纵条纹，被长硬毛或星状硬毛；花冠淡黄色，内面基部紫色，直径2～3 cm；花瓣5，倒卵形，长约2 cm。蒴果长圆状球形，直径约1 cm，被硬毛，果柄长达4 cm，果皮薄，黑色。种子肾形，黑色，具腺状突起。花期7—10月。

【原产地】非洲。

【传入方式】无意传入。

【传播途径】随农作物引种、交通等人类活动传播扩散。

【繁殖方式】种子繁殖。

【危害性】常见的农田杂草，可导致农作物减产。

【防控措施】精选农作物种子，防止无意夹带和混入；及时人工拔除幼苗，防止开花结实后种子进一步散播。

【栖息地类型】平原、山野、丘陵或田埂。

【分布地区】宁夏各地均有分布。

山桃草 | *Gaura lindheimeri*

科属：柳叶菜科 Onagraceae　山桃草属 *Gaura*
别名：千鸟花、白桃花、白蝶花、千岛花、玉蝶花

【形态特征】多年生粗壮草本，常丛生；茎直立，高60~100 cm，多分枝，入秋变红色。叶无柄，椭圆状披针形或倒披针形，长3~9 cm，宽5~11 mm。花序长穗状，生于茎枝顶端，不分枝或有少数分枝，直立，长20~50 cm；花瓣白色，后变粉红色，排向一侧，倒卵形或椭圆形，长12~15 mm，宽5~8 mm。蒴果坚果状，狭纺锤形，长6~9 mm，直径2~3 mm，成熟时褐色，具明显的棱。种子1~4粒，有时只部分胚珠发育，卵形，长2~3 mm，直径1~1.5 mm，淡褐色。花期5—8月，果期8—9月。

【原产地】美国。

【传入方式】有意引入。

【传播途径】人为引种传播。

【繁殖方式】种子或分枝繁殖。

【危害性】作为观赏植物在宁夏普遍栽培，未见入侵扩散。

【防控措施】加强栽培管理，野外逸生时及时清除。

【栖息地类型】校园绿地、绿化带。

【分布地区】银川市、永宁县。

黄花月见草 | *Oenothera glazioviana*

科属：柳叶菜科 Onagraceae 月见草属 *Oenothera* 别名：月见草、红萼月见草

【形态特征】二年生至多年生直立草本；茎高达1.5 m，常密被曲柔毛或疏生伸展长毛，茎枝上部常混生密短腺毛。基生叶倒披针形，长15～25 cm，先端锐尖或稍钝，基部渐窄并下延为翅；茎生叶窄椭圆形或披针形，长5～13 cm，侧脉8～12对。穗状花序生于茎枝顶端，密被曲柔毛、长毛与短腺毛；花瓣黄色，宽倒卵形，长4～5 cm，先端钝圆或微凹；花柱长5～8 cm，伸出花冠筒部分长2～3.5 cm，柱头伸出花药，裂片长5～8 mm。蒴果锥状圆柱形，长2.5～3.5 cm，具纵棱与红色的槽。花期6—10月，果期8—10月。

【原产地】北美洲东部。

【传入方式】有意引入。

【传播途径】随人为引种扩散。

【危害性】化感作用强，威胁当地生物多样性。

【防控措施】作为观赏植物时控制栽培区域，野外逸生时及时清除。

【栖息地类型】房前屋后的空地或公园绿地。

【分布地区】泾源县。

美丽月见草 | *Oenothera speciosa*

科属：柳叶菜科 Onagraceae 月见草属 *Oenothera*
别名：粉晚樱草、粉花月见草

【形态特征】多年生草本，高40~50 cm。叶互生，披针形，先端尖，基部楔形，下部有波缘或疏齿，上部近全缘，绿色。花单生或2朵着生于茎上部叶腋，花瓣4，粉红色，具暗色脉缘，雄蕊黄色，雌蕊白色。蒴果。花期6—10月，果期8—10月。

【原产地】美国。

【传入方式】有意引入。

【传播途径】随人为引种扩散。

【危害性】化感作用强，威胁当地生物多样性。

【防控措施】种子细小，易随风飘散，栽培时严格控制区域。

【栖息地类型】植物园。

【分布地区】银川市。

月见草 | *Oenothera biennis*

科属：柳叶菜科 Onagraceae　月见草属 *Oenothera*　别名：山芝麻、夜来香

【形态特征】二年生直立草本，基生莲座叶丛紧贴地面；茎高达2 m，被曲柔毛与伸展长毛。穗状花序不分枝，或在主花序下面具次级侧生花序；花瓣黄色，稀淡黄色，宽倒卵形，长2.5～3 cm，先端微凹；子房圆柱形，具4棱，长1～1.2 cm，密被伸展长毛与短腺毛，有时混生曲柔毛；花柱长3.5～5 cm，伸出花冠筒部分长0.7～1.5 cm，柱头裂片长3～5 mm。蒴果锥状圆柱形，长2～3.5 cm，直立，绿色，毛被同子房，渐稀疏，具棱。种子在果中水平排列，暗褐色，棱形，长1～1.5 mm，具棱角和不整齐洼点。

【原产地】北美洲东部。

【传入方式】有意引入。

【传播途径】随人为引种扩散。

【危害性】种子小、量大，可以随风传播，很容易形成成片的群落，影响其他作物生长；化感作用强，严重威胁当地生物多样性。

【防控措施】苗期及时铲除。

【栖息地类型】向阳山坡、荒草地、山坡、路旁、河岸及房前屋后的空地。

【分布地区】彭阳县、隆德县、永宁县、灵武市。

长春花 | *Catharanthus roseus*

科属：夹竹桃科 Apocynaceae　长春花属 *Catharanthus*
别名：日日草、日日新、三万花

【形态特征】半灌木，高达1 m；幼茎微被柔毛。叶草质，倒卵形或椭圆形，长2.5~9 cm，先端具短尖头，基部楔形，侧脉7~11对。花冠红色、粉红色或白色，常具粉红色斑，稀黄色斑，裂片宽倒卵形，长1.2~2 cm，花冠筒长2.5~3 cm，内面疏被柔毛，喉部被长柔毛。蓇葖果长2~3.8 cm，直径约3 cm。花期、果期几乎全年。

【原产地】马达加斯加。

【传入方式】有意引入。

【传播途径】人为引种栽培传播。

【繁殖方式】种子或扦插繁殖。

【危害性】在宁夏常用作花坛摆花，未见入侵扩散。

【防控措施】在宁夏无法自然越冬，因此无须防控。

【栖息地类型】公园绿地、小区花坛。

【分布地区】银川市。

牵　牛 | *Pharbitis nil*

科属：旋花科 Convolvulaceae　牵牛属 *Pharbitis*
别名：喇叭花、裂叶牵牛、牵牛花

【形态特征】一年生缠绕草本，长2~5 m。各部被开展微硬毛或硬毛。茎缠绕。叶宽卵形或近圆形，长4~15 cm，3（~5）裂，先端渐尖，基部心形；叶柄长2~15 cm。花序腋生，花序梗长1.5~18.5 cm；苞片线形或丝状，小苞片线形；花梗长2~7 mm；萼片披针状线形，长2~2.5 cm，内2片较窄，密被开展刚毛；花冠蓝紫色或紫红色，筒部色淡，长5~8（10）cm，无毛；雄蕊及花柱内藏；子房3室。蒴果近球形，直径0.8~1.3 cm。种子卵状三棱形，黑褐色或米黄色，长5~6 mm，被微柔毛。

【原产地】南美洲。

【传入方式】有意引入。

【传播途径】人为引种扩散。

【繁殖方式】种子繁殖。

【危害性】城市常见杂草，主要危害草坪和灌木。

【防控措施】可在幼苗期人工铲除，也可在结果前将茎割断。

【栖息地类型】田边、路旁、河谷、果园、山坡、苗圃。

【分布地区】永宁县、银川市。

圆叶牵牛 | *Pharbitis purpurea*

科属：旋花科 Convolvulaceae　牵牛属 *Pharbitis*
别名：打碗花、牵牛花、紫花牵牛

【形态特征】草质藤本，茎上被倒向的短柔毛，杂有倒向或开展的长硬毛。叶圆心形或宽卵状心形，长4～18 cm，宽3.5～16.5 cm。花腋生，单一或2～5朵着生于花序梗顶端组成伞形聚伞花序；苞片线形，被开展的长硬毛；花冠漏斗状，长4～6 cm，紫红色、红色或白色；雄蕊与花柱内藏；雄蕊不等长，花丝基部被柔毛；子房无毛，3室，每室2胚珠，柱头头状；花盘环状。蒴果近球形，直径9～10 mm，3瓣裂。种子卵状三棱形，长约5 mm，黑褐色或米黄色，被极短的糠秕状毛。

【原产地】美洲。

【传入方式】有意引入。

【传播途径】随人为引种扩散。

【繁殖方式】种子繁殖。

【危害性】庭院常见杂草，危害草坪和灌木，危害程度较重。

【防控措施】可在幼苗期人工铲除，也可在结果前将茎割断。

【栖息地类型】适应性很广，多生于田边、路旁、平原、山谷和林内。

【分布地区】泾源县、盐池县、大武口区、同心县、永宁县、隆德县、兴庆区、惠农区、平罗县。

玻璃苣 | *Borago officinalis*

科属：紫草科 Boraginaceae 玻璃苣属 *Borago* 别名：琉璃花、琉璃苣

【形态特征】一年生草本，高60~100 cm，全株密生粗毛。茎直立，中空有棱，近圆形。单叶互生，卵形。聚伞花序，花深蓝色，有黄瓜香味，花冠5瓣，雌雄同花，雄蕊5，鲜黄色。每花有种子1~4粒，种子黑色，小坚果长圆形。

【原产地】欧洲。

【传入方式】有意引入。

【传播途径】随人为引种扩散。

【繁殖方式】种子繁殖。

【危害性】建立种群，成为入侵种，影响当地生物多样性。

【防控措施】加强管理，控制栽培区域，防止逸生；野外逸生时，结种前拔除。

【栖息地类型】公园绿地。

【分布地区】银川市。

聚合草 | *Symphytum officinale*

科属：紫草科 Boraginaceae　聚合草属 *Symphytum*　别名：友谊草、爱国草

【形态特征】从生型多年生草本，高30～90 cm，全株被向下稍弧曲的硬毛和短伏毛。茎数条，直立或斜升，有分枝。基生叶通常50～80，叶片带状披针形、卵状披针形至卵形，长30～60 cm，宽10～20 cm，稍肉质。花序含多数花；花冠长14～15 mm，淡紫色、紫红色至黄白色，裂片三角形，先端外卷，喉部附属物披针形，长约4 mm，不伸出冠檐；子房通常不育，偶尔个别花内成熟1个小坚果。小坚果斜卵形，长3～4 mm，黑色，平滑，有光泽。花期5—10月。

【原产地】中亚、欧洲。

【传入方式】有意引入。

【传播途径】人为引种传播。

【繁殖方式】种子繁殖，分株或切根繁殖。

【危害性】栽培牧草或观赏植物，部分地区逸为野生，影响当地生物多样性。

【防控措施】人工铲除，加强管理，限制引种。

【栖息地类型】田边、路边。

【分布地区】隆德县、银川市、彭阳县。

柳叶马鞭草 | *Verbena bonariensis*

科属：马鞭草科 Verbenaceae　马鞭草属 *Verbena*

【形态特征】多年生直立草本，高100～150 cm。叶初期椭圆形，边缘有缺刻，两面有粗毛，花茎抽高后叶转为细长形，柳叶状。聚伞花序，顶生或腋生；花小，花朵由5枚花瓣组成，每枚花瓣只有4 mm或8 mm长，群生于最顶端的花穗上，花冠紫红色或淡紫色。子房无毛，小坚果包藏于萼内。花果期6—10月。

【原产地】南美洲。

【传入方式】有意引入。

【传播途径】随人为引种传播。

【繁殖方式】种子繁殖或扦插繁殖。

【危害性】作为观赏植物在宁夏普遍栽培，未见入侵扩散。

【防控措施】加强管理，野外逸生时及时清除。

【栖息地类型】公园、绿化带。

【分布地区】银川市、隆德县、平罗县、中卫市等。

狭叶马鞭草 | *Verbena brasiliensis*

科属：马鞭草科 Verbenaceae　马鞭草属 *Verbena*

【形态特征】多年生直立草本，高可达120 cm，基部木质化。单叶对生，卵形至长卵形，两面被硬毛，下面脉上的毛尤密。穗状花序顶生或腋生，花蓝紫色，无柄；花萼膜质，筒状；花冠微呈二唇形，花丝极短；子房无毛，小坚果包藏于萼内。花果期6—10月。

【原产地】南美洲。

【传入方式】无意传入。

【传播途径】种子常夹杂在柳叶马鞭草中随人为引种传播。

【繁殖方式】种子繁殖。

【危害性】常和柳叶马鞭草混生在一起，影响景观效果。

【防控措施】加强管理，及时清除。

【栖息地类型】公园、绿化带。

【分布地区】银川市、隆德县、平罗县、中卫市等。

罗 勒 | *Ocimum basilicum*

科属：唇形科 Lamiaceae　罗勒属 *Ocimum*　别名：九层塔、金不换

【形态特征】 一年生草本，高20～80 cm，具圆锥形主根及自其上生出的密集须根。茎直立，钝四棱形，多分枝。叶卵圆形至卵圆状长圆形，长2.5～5 cm，宽1～2.5 cm，先端微钝或急尖，两面近无毛，下面具腺点。总状花序生于茎枝顶端，各部均被微柔毛，通常长10～20 cm，由多数具6花、交互对生的轮伞花序组成；花冠淡紫色，或上唇白色、下唇紫红色，伸出花萼。小坚果卵珠形，长2.5 mm，宽1 mm，黑褐色，有具腺的穴陷，基部有1白色果脐。花期7—9月，果期9—12月。

【原产地】 亚洲热带地区。

【传入方式】 有意引入。

【传播途径】 随人为引种传播。

【繁殖方式】 种子繁殖。

【危害性】 作为芳香植物在宁夏偶见栽培，未见入侵扩散。

【防控措施】 控制栽培区域。

【栖息地类型】 小区绿地、庭院。

【分布地区】 银川市。

一串红 | *Salvia splendens*

科属：唇形科 Lamiaceae　鼠尾草属 *Salvia*　别名：爆仗红、炮仔花

【形态特征】草本或亚灌木状，高达90 cm。叶卵形或三角状卵形，长2.5~7 cm，先端渐尖，基部平截或近圆形，具锯齿，两面无毛，下面具腺点。轮伞花序具花2~6朵，组成长达20 cm的总状花序；苞片卵形，红色，在开花前包裹花蕾，先端尾尖；花萼红色，钟状，长约1.6 cm，花后长达2 cm，沿脉被红色腺柔毛，内面上部被微硬毛，上唇三角状卵形，具短尖头，下唇具2三角形齿；花冠鲜红色，长4~4.2 cm，被柔毛。小坚果暗褐色，顶端具不规则皱褶，边缘具窄翅。花期3—10月。

【原产地】巴西。

【传入方式】有意引入。

【传播途径】随人为引种传播。

【繁殖方式】种子繁殖、扦插繁殖。

【危害性】影响当地生物多样性。

【防控措施】加强栽培管理，禁止乱丢弃种苗。

【栖息地类型】喜温暖、向阳环境，宜在肥沃沙壤土中生长。

【分布地区】银川市、大武口区、灵武市等。

曼陀罗 | *Datura stramonium*

科属：茄科 Solanaceae　曼陀罗属 *Datura*　别名：洋金花、醉仙桃、醉心花

【形态特征】草本或亚灌木状，高达1.5 m，植株无毛或幼嫩部分被短柔毛。叶宽卵形，淡绿色。花直立，花梗长0.5～1.2 cm；萼筒长3～5 cm，具5棱，基部稍肿大，裂片三角形，花后自近基部断裂，宿存部分增大并反折；花冠漏斗状，长6～10 cm，下部淡绿色，上部白色或淡紫色。蒴果直立，卵圆形，长3～4.5 cm，被坚硬针刺或无刺，淡黄色，规则4瓣裂。种子卵圆形，稍扁，长约4 mm，黑色。花期6—10月，果期7—11月。

【原产地】墨西哥。

【传入方式】有意引入。

【传播途径】随栽培扩散逸生，或随货物和交通工具传播。

【繁殖方式】种子繁殖。

【危害性】旱地、宅旁重要杂草之一，影响景观，对牲畜有毒害。

【防控措施】预防为主，逸生后人工拔除或化学防除。

【栖息地类型】路边、宅旁等土壤肥沃、疏松处。

【分布地区】大武口区、海原县、同心县、兴庆区、惠农区、平罗县、贺兰县、永宁县。

假酸浆 | *Nicandra physalodes*

科属：茄科 Solanaceae　假酸浆属 *Nicandra*　别名：鞭打绣球

【形态特征】一年生草本，茎直立，高0.4～1.5 m，有棱条，无毛，上部交互不等的二歧分枝。叶卵形或椭圆形，草质，长4～12 cm，宽2～8 cm，顶端急尖或短渐尖，基部楔形，边缘具粗齿或浅裂，两面有稀疏毛；叶柄长为叶片长的1/3～1/4。花单生于枝腋而与叶对生，通常具较叶柄长的花梗，俯垂；花萼5深裂，裂片顶端尖，基部心脏状箭形，有2尖耳片，直径2.5～4 cm；花冠钟状，浅蓝色，直径达4 cm，檐部5浅裂。浆果球形，直径1.5～2 cm，黄色。种子淡褐色，直径约1 mm。花果期夏、秋季。

【原产地】秘鲁。

【传入方式】有意引入。

【传播途径】随栽培扩散逸生，或随货物和交通工具传播。

【繁殖方式】种子繁殖。

【危害性】杂草，常成片生长，排挤当地植物，对生物多样性有一定影响。

【防控措施】加强引种管理，逸生后人工拔除或化学防除。

【栖息地类型】路旁、村旁、公园绿地。

【分布地区】银川市。

苦蘵 | *Physalis angulata*

科属：茄科 Solanaceae 酸浆属 *Physalis* 别名：灯笼泡、灯笼草

【形态特征】一年生草本，高达50 cm。茎疏被短柔毛或近无毛。叶卵形或卵状椭圆形，先端渐尖或尖，基部宽楔形或楔形，全缘或具不等大牙齿，两面近无毛；叶柄长1~5 cm。花梗长0.5~1.2 cm，纤细，被短柔毛；花萼长4~5 mm，被短柔毛，裂片披针形，具缘毛；花冠淡黄色，喉部具紫色斑纹，长4~6 mm，直径6~8 mm；花药蓝紫色或黄色，长约1.5 mm；宿萼卵球形，直径1.5~2.5 cm，薄纸质。浆果直径约1.2 cm。种子盘状，直径约2 mm。花期5—7月，果期7—10月。

【原产地】南美洲。

【传入方式】有意引入。

【传播途径】引种传播，或随果实、农作物种子、秸秆及饲料等扩散。

【繁殖方式】种子繁殖。

【危害性】产种量大，生长势强，影响当地其他植物生长。

【防控措施】控制栽培区域。

【栖息地类型】小区绿地、农村庭院。

【分布地区】银川市。

灯笼果 | *Physalis peruviana*

科属：茄科 Solanaceae　酸浆属 *Physalis*

【形态特征】多年生草本，高45~90 cm，具匍匐的根状茎。茎直立，不分枝或少分枝，密生短柔毛。叶较厚，阔卵形或心脏形，长6~15 cm，宽4~10 cm，基部对称心脏形，两面密生柔毛。花单独腋生，花梗长约1.5 cm；花萼阔钟状，同花梗一样密生柔毛，长7~9 mm，裂片披针形，与筒部近等长；花冠阔钟状，长1.2~1.5 cm，直径1.5~2 cm，黄色而喉部有紫色斑纹。果萼卵球形，长2.5~4 cm，薄纸质，淡绿色或淡黄色，被柔毛；浆果直径1~1.5 cm，成熟时黄色。种子黄色，圆盘状，直径约2 mm。花果期夏季。

【原产地】南美洲。

【传入方式】有意引入。

【传播途径】引种传播，或随果实、农作物种子、秸秆及饲料等扩散。

【繁殖方式】种子繁殖。

【危害性】环境杂草，影响当地其他植物生长，除果实外全株有毒。

【防控措施】控制栽培区域。

【栖息地类型】小区绿地、农村庭院。

【分布地区】银川市、大武口区。

黄花刺茄 | *Solanum rostratum*

科属：茄科 Solanaceae 茄属 *Solanum*
别名：刺萼龙葵、刺茄、尖嘴茄、堪萨斯蓟

【形态特征】一年生草本，高可达70 cm。直根系，主根发达，侧根较少，多须根。茎直立，基部稍木质化。叶互生，叶柄长0.5~5 cm，密被刺及星状毛；叶片卵形或椭圆形，裂片椭圆形或近圆形。蝎尾状聚伞花序腋外生，花期花序轴伸长变成总状花序；花横向，萼筒钟状，萼片线状披针形；花冠黄色，辐状，花瓣外面密被星状毛；花药黄色，异型。浆果球形，成熟时黄褐色，果皮薄，与萼合生。种子多数，黑色。花果期6—9月。

【原产地】北美洲。

【传入方式】无意传入。

【传播途径】种子通过风力、水流或人的衣物等传播，具有很强的扩散能力。

【繁殖方式】种子繁殖。

【危害性】植株有毒，竞争力强，生长速度快，威胁当地生物多样性。

【防控措施】本种于2019年首次在大武口区被发现，目前已小范围扩散。本种未结实前应彻底铲除。

【栖息地类型】开阔的、受干扰的生境，如河道边、荒地等。

【分布地区】大武口区。

毛龙葵 | *Solanum sarrachoides*

科属：茄科 Solanaceae　茄属 *Solanum*　别名：腺龙葵

【形态特征】一年生草本，高30～100 cm。茎直立，多分枝。叶卵形，似辣椒叶，长2.5～10 cm，宽1.5～3 cm，顶端尖，全缘或有不规则波状粗齿，基部楔形，渐狭成柄；叶柄长达2 cm。花序短蝎尾状或近伞状，侧生或腋外生，有花4～10朵，白色，细小；花序梗长1～2.5 cm，花柄长约1 cm；花萼杯状，绿色，5浅裂；花冠辐状，裂片卵状三角形，长约3 cm；雄蕊5；子房卵形，花柱中部以下有白色茸毛。浆果球形，直径约8 mm，成熟时黑色。种子近卵形，压扁状。花果期9—10月。

【原产地】南美洲巴西、乌拉圭和阿根廷的暖温带地区。

【传入方式】无意传入。

【传播途径】混杂在其他植物的种子里扩散，或随园林植物引种、移植的土壤传播。

【繁殖方式】种子繁殖。

【危害性】马铃薯田间杂草，对牲畜有毒害。

【防控措施】本种于2019年首次在同心县被发现，目前种群数量较少，应严格监控和铲除。

【栖息地类型】路边、荒地等。

【分布地区】同心县。

毛地黄 | *Digitalis purpurea*

科属：玄参科 Scrophulariaceae　毛地黄属 *Digitalis*　别名：洋地黄

【形态特征】一年生或多年生草本，高60～120 cm，除花冠外，全体被灰白色短柔毛和腺毛，有时茎上几无毛。茎单生或数条丛生。基生叶多数呈莲座状，叶柄具狭翅，长可达15 cm，叶片卵形或长椭圆形，长5～15 cm，先端尖或钝，基部渐狭，边缘具带短尖的圆齿，少有锯齿；茎生叶下部的叶与基生叶同形，向上渐小，叶柄短直至无柄而成为苞片。萼片钟状，长约1 cm，果期略增大，5裂几达基部；裂片矩圆状卵形，先端钝至急尖；花冠紫红色，内面具斑点，长3～4.5 cm，裂片很短，先端被白色柔毛。蒴果卵形，长约1.5 cm。种子短棒状，除被蜂窝状网纹外，尚有极细的柔毛。花期5—6月。

【原产地】欧洲。

【传入方式】有意引入。

【传播途径】随人为引种扩散。

【繁殖方式】种子繁殖。

【危害性】作为园林观赏植物在宁夏偶见栽培，未见入侵扩散。

【防控措施】严格控制栽培区域，野外逸生时及时铲除。

【栖息地类型】公园。

【分布地区】大武口区。

阿拉伯婆婆纳 | *Veronica persica*

科属：玄参科 Scrophulariaceae　婆婆纳属 *Veronica*　别名：波斯婆婆纳

【形态特征】铺散多分枝草本，高10～50 cm。茎密生2列多细胞柔毛。叶2～4对，具短柄，卵形或圆形，长6～20 mm，宽5～18 mm，基部浅心形，两面疏生柔毛。总状花序，苞片互生，与叶同形且几乎等大；花梗比苞片长，有的超过1倍；花冠蓝色、紫色或蓝紫色，长4～6 mm，裂片卵形至圆形，喉部疏被毛；雄蕊短于花冠。蒴果肾形，长约5 mm，宽约7 mm，被腺毛，成熟后几无毛，网脉明显，凹口角度超过90度，裂片钝，宿存的花柱长约2.5 mm，超出凹口。种子背面具深横纹，长约1.6 mm。花期3—5月。

【原产地】西亚。

【传入方式】无意传入。

【传播途径】通过种子传播向各地扩散。

【繁殖方式】有性生殖及营养繁殖。

【危害性】繁殖能力强，影响农作物生长。

【防控措施】适当密植作物，可在一定程度上控制草害。

【栖息地类型】温室、苗圃、果园等。

【分布地区】银川市、泾源县。

蓍 *Achillea millefolium*

科属：菊科 Asteraceae 蓍属 *Achillea* 别名：千叶蓍、欧蓍

【形态特征】多年生草本。茎常被白色长柔毛。叶二至三回羽状全裂，主轴宽1.5～2 mm，小裂片披针形或线形，长0.5～1.5 mm，先端具软骨质短尖，上面密生凹入腺体。头状花序多数，密集呈复伞房状；总苞长圆形或近卵圆形，宽约3 mm，疏生柔毛，总苞片3层，覆瓦状排列，椭圆形，宽1～1.3 mm，边缘膜质，棕色或淡黄色，背面散生黄色亮腺点，上部被柔毛；舌状花5，舌片近圆形，白色、粉红色或淡紫红色，宽2～2.5 mm，先端2～3齿；盘花管状，黄色，冠檐5齿裂，具腺点。瘦果长圆形，淡绿色。花果期7—9月。

【原产地】欧洲。

【传入方式】有意引入。

【传播途径】随人为引种扩散，自然环境中，种子随风近距离漂移扩散。

【繁殖方式】种子繁殖或扦插繁殖。

【危害性】近年新引进的观赏植物，目前在宁夏未见入侵扩散和危害。

【防控措施】控制栽培区域，野外逸生时及时拔除。

【栖息地类型】公园绿地、小区庭院。

【分布地区】银川市、吴忠市。

藿香蓟 | *Ageratum conyzoides*

科属：菊科 Asteraceae　藿香蓟属 *Ageratum*　别名：胜红蓟

【形态特征】一年生草本，高20～30 cm。茎粗壮，被白色短柔毛或上部被稠密开展的长茸毛。叶对生，有时上部互生，常有腋生的不发育的叶芽。中部茎生叶卵形、椭圆形或长圆形，长3～8 cm，宽2～5 cm；腋生小枝上的叶渐小或小，卵形或长圆形，叶基部钝或宽楔形，两面疏被白色短柔毛且有黄色腺点。头状花序4～18个在茎顶排成通常紧密的伞房状花序，直径1.5～3 cm；花冠长1.5～2.5 mm，外面无毛或顶端有微柔毛，檐部5裂，淡紫色。瘦果黑褐色。花果期全年。

【原产地】美洲热带地区。

【传入方式】有意引入。

【传播途径】随人为引种扩散，自然环境中，种子随风近距离漂移扩散。

【繁殖方式】种子繁殖或扦插繁殖。

【危害性】作为观赏植物在宁夏栽培，未见危害发生。

【防控措施】野外逸生时及时拔除。

【栖息地类型】公园绿地、小区庭院。

【分布地区】银川市。

熊耳草 | *Ageratum houstonianum*

科属：菊科 Asteraceae　藿香蓟属 *Ageratum*　别名：大花藿香蓟

【形态特征】一年生草本。茎不分枝或下部茎枝平卧而节上生不定根，茎枝被白色茸毛或薄绵毛，茎枝上部及腋生小枝毛密。叶对生或上部叶近互生，卵形或三角状卵形，中部茎生叶长2～6 cm，或长宽相等，基部心形或平截，两面被白色柔毛。头状花序在茎枝顶端排成伞房或复伞房花序，花序梗密被柔毛或尘状柔毛；总苞钟状，直径6～7 mm，总苞片2层，窄披针形，长4～5 mm，全缘，外面被腺质柔毛；花冠淡紫色，5裂，裂片外被柔毛。瘦果成熟时黑色；冠毛膜片状，膜片长圆形或披针形，顶端芒状长渐尖。花果期全年。

【原产地】墨西哥及毗邻地区。

【传入方式】有意引入。

【传播途径】随人为引种扩散。

【繁殖方式】种子繁殖。

【危害性】在宁夏常用作摆花，未见危害发生。

【防控措施】野外逸生时及时拔除。

【栖息地类型】公园绿地、小区庭院。

【分布地区】银川市。

婆婆针 | *Bidens bipinnata*

科属：菊科 Asteraceae　鬼针草属 *Bidens*　别名：鬼针草

【形态特征】 一年生草本，茎无毛或上部疏被柔毛。叶对生，长5～14 cm，二回羽状分裂，顶生裂片窄，先端渐尖，边缘疏生不规则粗齿，两面疏被柔毛，叶柄长2～6 cm。头状花序直径0.6～1 cm，花序梗长1～5 cm；总苞杯状，外层总苞片5～7，线形，草质，稍密被柔毛，内层膜质，椭圆形，长3.5～4 mm，背面褐色，被柔毛；舌状花1～3，不育，舌片黄色，椭圆形或倒卵状披针形；盘花筒状，黄色，冠檐5齿裂。瘦果线形，具3～4棱，长1.2～1.8 cm，具瘤状突起及小刚毛，顶端芒刺3～4，稀2，具倒刺毛。花果期8—10月。

【原产地】 美洲。

【传入方式】 无意传入。

【传播途径】 通过瘦果芒刺上的倒刺毛钩于牲畜体表或人的衣物上传播，或种子通过水流传播。

【繁殖方式】 种子繁殖。

【危害性】 可入侵农田、果园、苗圃，造成作物减产。

【防控措施】 加强检疫和监控，结果前及时清除。

【栖息地类型】 荒地、田间、沟边、路边及低洼地。

【分布地区】 沙坡头区。

大狼杷草 | *Bidens frondosa*

科属：菊科 Asteraceae　鬼针草属 *Bidens*　别名：接力草、外国脱力草

【形态特征】一年生草本，高20～120 cm。茎直立，分枝。叶对生，具柄，一回羽状复叶，具小叶3～5，小叶披针形，长3～10 cm，宽1～3 cm，先端渐尖，边缘有粗锯齿，通常背面被稀疏短柔毛。头状花序单生于茎端和枝端，连同总苞片高约12 mm。总苞钟状或半球形，外层苞片5～10，通常8，披针形或匙状倒披针形，叶状，边缘有缘毛，内层苞片长圆形，长5～9 mm，膜质，具淡黄色边缘，无舌状花或舌状花不发育，筒状花两性；花冠长约3 mm，冠檐5裂。瘦果扁平，狭楔形，长5～10 mm，近无毛或具糙伏毛，顶端具芒刺2，长约2.5 mm，有倒刺毛。

【原产地】北美洲。

【传入方式】无意传入。

【传播途径】通过瘦果芒刺上的倒刺毛钩于牲畜体表或人的衣物上传播，或种子通过水流传播。

【繁殖方式】种子繁殖。

【危害性】常见杂草，影响作物对光能的利用和光合作用，干扰并限制作物生长。

【防控措施】加强检疫，精选种子，化学防除。

【栖息地类型】荒地、田间、沟边、路边及低洼地。

【分布地区】彭阳县、隆德县、海原县、灵武市、永宁县、银川市。

矢车菊 | *Centaurea cyanus*

科属：菊科 Asteraceae　矢车菊属 *Centaurea*　别名：翠兰、蓝芙蓉、荔枝菊

【形态特征】一年生或二年生草本。茎枝灰白色，被薄蛛丝状卷毛。基生叶及下部茎生叶长椭圆状倒披针形或披针形；中部叶线形、宽线形或线状披针形，全缘，无叶柄；上部叶与中部叶同形，渐小。头状花序排成伞房或圆锥花序；总苞椭圆形，直径1～1.5 cm，疏生蛛丝状毛，总苞片约7层，由外向内椭圆形至长椭圆形，先端有浅褐色或白色附属物，内层附属物较大；边花增大，长于中央盘花，蓝色、白色、红色或紫色；盘花浅蓝色或红色。瘦果椭圆形，被白色柔毛；冠毛白色或浅土红色。花果期6—10月。

【原产地】南美洲。

【传入方式】有意引入。

【传播途径】人为引种扩散或种子随风传播。

【繁殖方式】种子繁殖。

【危害性】一般入侵杂草，发生量少，危害轻。

【防控措施】开花前拔除，面积大时可用除草剂有效防除。

【栖息地类型】公园绿地、小区庭院。

【分布地区】惠农区、银川市。

菊苣 | *Cichorium intybus*

科属：菊科 Asteraceae　菊苣属 *Cichorium*　别名：蓝花菊苣、欧洲菊苣

【形态特征】多年生草本，高40～100 cm。茎直立，单生，分枝开展或极开展，茎枝绿色。基生叶莲座状、倒披针状长椭圆形，基部渐狭，有翼柄，大头状倒向羽状深裂，侧裂片3～6对；茎生叶少数，较小，卵状倒披针形至披针形，无柄，基部圆形或戟形，半抱茎。头状花序多数，单生或数个集生于茎顶或枝端；总苞圆柱形，长8～12 mm，总苞片2层；舌状小花蓝色。瘦果倒卵形、椭圆形或倒楔形，外层瘦果压扁，具3～5棱；冠毛极短，2～3层，膜片状，长0.2～0.3 mm。花果期5—10月。

【原产地】欧洲、中亚、西亚、北非。

【传入方式】有意引入。

【传播途径】人为引种扩散或种子随风传播。

【繁殖方式】种子繁殖。

【危害性】路边常见野草，影响景观。

【防控措施】控制引种，开展利用研究。

【栖息地类型】园林绿地。

【分布地区】银川市。

大花金鸡菊 | *Coreopsis grandiflora*

科属：菊科 Asteraceae　金鸡菊属 *Coreopsis*　别名：剑叶波斯菊

【形态特征】多年生草本，高20～100 cm。茎直立，下部常有稀疏的糙毛，上部有分枝。叶对生；基部叶有长柄，披针形或匙形；下部叶羽状全裂，裂片长圆形；中部及上部叶3～5深裂，裂片线形或披针形，中裂片较大。头状花序单生于枝端，直径4～5 cm，具长花序梗；总苞片外层较短，披针形，长6～8 mm，顶端尖，有缘毛；内层卵形或卵状披针形，长10～13 mm；托片线状钻形；舌状花6～10，舌片宽大，黄色，长1.5～2.5 cm；管状花长5 mm，两性。瘦果广椭圆形或近圆形，边缘具膜质宽翅，顶端具2短鳞片。花期5—9月。

【原产地】北美洲。

【传入方式】有意引入。

【传播途径】人为引种栽培扩散。

【繁殖方式】种子繁殖。

【危害性】对景观、森林等有负面影响。

【防控措施】控制引种，防止扩散。

【栖息地类型】路边绿化带、公园绿地、小区庭院。

【分布地区】银川市。

剑叶金鸡菊 | *Coreopsis lanceolata*

科属：菊科 Asteraceae　金鸡菊属 *Coreopsis*　别名：线叶金鸡菊

【形态特征】多年生草本，高30～70 cm，有纺锤状根。茎直立，无毛或基部被软毛，上部有分枝。茎基部叶成对簇生，有长柄，叶片匙形或线状倒披针形，基部楔形，顶端钝或圆形；茎上部叶少数，全缘或3深裂，裂片长圆形或线状披针形，顶裂片较大，长6～8 cm，宽1.5～2 cm；茎上部叶无柄，线形或线状披针形。头状花序在茎端单生，直径4～5 cm；总苞片内外层近等长，披针形，长6～10 mm，顶端尖；舌状花黄色，舌片倒卵形或楔形；管状花狭钟状。瘦果圆形或椭圆形，边缘有宽翅，顶端有2短鳞片。花期5—9月。

【原产地】美国。

【传入方式】有意引入。

【传播途径】人为引种栽培扩散。

【繁殖方式】种子繁殖。

【危害性】具有很强的生长能力和繁殖能力，影响当地生物多样性。

【防控措施】限制引种栽培。

【栖息地类型】路边绿化带、公园绿地、小区庭院。

【分布地区】银川市。

两色金鸡菊 | *Coreopsis tinctoria*

科属：菊科 Asteraceae　金鸡菊属 *Coreopsis*　别名：二色金鸡菊、雪菊

【形态特征】一年生草本，高达50 cm。茎平卧或斜升，多少被毛。叶菱状卵形或长圆状卵形，全缘，两面疏被贴伏短毛。头状花序单生于茎枝顶端；总苞片被毛，上部草质；雌花10~12朵，舌状，黄色或橙黄色；两性花暗紫色；托片长圆状披针形，麦秆黄色。雌花瘦果三棱形；两性花瘦果三棱形至扁，暗褐色，边缘有狭翅，外面有白色瘤状突起或无小瘤而成细纵肋。花期6—9月。

【原产地】北美洲。

【传入方式】有意引入。

【传播途径】人为引种栽培扩散。

【繁殖方式】种子繁殖。

【危害性】生长旺盛，繁殖能力强，严重影响当地植物的生长和生物多样性。

【防控措施】限制引种栽培。

【栖息地类型】路边绿化带、公园绿地、小区庭院。

【分布地区】彭阳县、贺兰县、隆德县、泾源县。

波斯菊 | *Cosmos bipinnata*

科属：菊科 Asteraceae　秋英属 *Cosmos*　别名：秋英、大波斯菊

【形态特征】一年生或多年生草本，高达2 m。茎无毛或稍被柔毛。叶二回羽状深裂。头状花序单生，直径3～6 cm，花序梗长6～18 cm；总苞片外层披针形或线状披针形，近革质，淡绿色，具深紫色条纹，长1～1.5 cm，内层椭圆状卵形，膜质；舌状花紫红色、粉红色或白色，舌片椭圆状倒卵形，长2～3 cm；管状花黄色，长6～8 mm，管部短，上部圆柱形，有披针形裂片。瘦果黑紫色，长0.8～1.2 cm，无毛，上端具长喙，有2～3尖刺。花期6—8月，果期9—10月。

【原产地】墨西哥和美国西南部。

【传入方式】有意引入。

【传播途径】人为引种栽培扩散。

【繁殖方式】种子繁殖。

【危害性】逸生杂草，常在道路两旁、山坡蔓延，影响景观和森林恢复。

【防控措施】严格控制引种栽培，不宜在公路和荒野作为绿化植物。

【栖息地类型】路边绿化带、公园绿地、庭院、沟渠边。

【分布地区】宁夏各地均有栽培。

硫磺菊 | *Cosmos sulphureus*

科属：菊科 Asteraceae　秋英属 *Cosmos*　别名：黄波斯菊、黄秋英、硫黄菊

【形态特征】 一年生或多年生草本，高1～2 m。茎无毛或稍被柔毛。叶二回羽状深裂，裂片线形或丝状线形。头状花序单生，直径3～6 cm，花序梗长6～18 cm；总苞片外层披针形或线状披针形，近革质；托片平展，上端丝状，与瘦果近等长；舌状花紫红色、粉红色或白色，舌片椭圆状倒卵形，长2～3 cm，宽1.2～1.8 cm，有3～5钝齿；管状花黄色，长6～8 mm，上部圆柱形，有披针形裂片。瘦果黑紫色，长8～12 mm，无毛，上端具长喙，有2～3尖刺。花期6—8月，果期9—10月。

【原产地】 墨西哥。

【传入方式】 有意引入。

【传播途径】 人为引种栽培扩散。

【繁殖方式】 种子繁殖。

【危害性】 逸生杂草，影响当地生态系统。

【防控措施】 控制引种栽培，不宜在公路和荒野作为绿化植物。

【栖息地类型】 路边绿化带、公园绿地、庭院。

【分布地区】 隆德县、海原县、贺兰县。

松果菊 | *Echinacea purpurea*

科属：菊科 Asteraceae　松果菊属 *Echinacea*　别名：紫锥花、紫锥菊

【形态特征】多年生草本，高50～150 cm，全株有粗毛，茎直立。基生叶卵形或三角形，茎生叶卵状披针形，叶柄基部略抱茎，叶缘具锯齿。头状花序单生或多数聚生于枝顶，花大，直径可达10 cm；花的中心部位凸起，呈球形，球上为管状花，橙黄色。种子浅褐色，外皮硬。花期6—7月。

【原产地】北美洲。

【传入方式】有意引入。

【传播途径】人为引种传播。

【繁殖方式】种子繁殖。

【危害性】近年新引进的观赏植物，目前宁夏未见入侵扩散和危害。

【防控措施】严格控制栽培区域。

【栖息地类型】路旁、绿化带及公园、小区绿地。

【分布地区】银川市、红寺堡区、泾源县。

缨绒花 | *Emilia fosbergii*

科属：菊科 Asteraceae　一点红属 *Emilia*　别名：缨荣花

【形态特征】一年生草本，高30～100 cm。茎直立，被糙毛或长硬毛。叶宽卵圆形或长圆状椭圆形，长5～10 cm，宽2.5～5 cm，基部稍心形抱茎。头状花序单生于枝端，直径5～6.5 cm；总苞宽钟状，总苞片多层，边缘黑色；舌状花深红色，舌片倒卵圆形；管状花黄色或橙色，长7～8 mm，先端裂片卵状披针形，上面被黄褐色密茸毛。雌花瘦果倒卵圆形，长6～7 mm，宽4～5 mm，扁平，密被毛；管状花瘦果倒卵状楔形，长7～8 mm，宽3.5～4 mm，极扁，疏被毛，顶端有短齿。花期6—9月，果期7—10月。

【原产地】墨西哥 。

【传入方式】有意引入。

【传播途径】人为引种栽培而逸生。

【繁殖方式】种子繁殖。

【危害性】有一定的入侵性。

【防控措施】发现逸生植株及时清除。

【栖息地类型】绿化带及公园、小区绿地。

【分布地区】银川市。

一年蓬 | *Erigeron annuus*

科属：菊科 Asteraceae　飞蓬属 *Erigeron*　别名：千层塔、治疟草、野蒿

【形态特征】一年生或二年生草本。茎下部被长硬毛，上部被上弯短硬毛。基部叶长圆形或宽卵形，长4～17 cm；下部茎生叶与基部叶同形，叶柄较短；中部和上部叶长圆状披针形或披针形，长1～9 cm，具短柄或无柄。头状花序数个或多数，排成疏圆锥花序；总苞半球形，总苞片3层，披针形，密被腺毛和疏长毛；外围雌花舌状，2层，白色或淡天蓝色；中央两性花管状，黄色。瘦果披针形，长约1.2 mm，疏被贴伏柔毛；雌花冠毛极短，小冠与腺质鳞片结合呈环状，两性花冠毛2层，外层鳞片状，内层具10～15刚毛。花期6—9月。

【原产地】北美洲。

【传入方式】无意传入。

【传播途径】果实上有冠毛，体轻，能借风力传播。

【繁殖方式】种子繁殖。

【危害性】较大程度影响当地生物多样性。

【防控措施】加强检疫。

【栖息地类型】路边、旷野或山坡荒地。

【分布地区】泾源县、隆德县、西吉县。

小蓬草 | *Erigeron canadensis*

科属：菊科 Asteraceae　飞蓬属 *Erigeron*
别名：飞蓬、加拿大蓬、小白酒草、小飞蓬、蒿子草

【形态特征】一年生草本，根纺锤状，具纤维状根。茎直立，高50～100 cm或更高，圆柱形，疏被长硬毛，上部多分枝。叶密集，基部叶花期常枯萎，下部叶倒披针形，长6～10 cm，宽1～1.5 cm；中部和上部叶较小，线状披针形或线形，近无柄或无柄，两面或仅上面疏被短毛，边缘常被上弯的硬缘毛。头状花序多数，小，直径3～4 mm，排成顶生多分枝的大圆锥花序；总苞近圆柱形，总苞片2～3层，淡绿色；雌花多数，舌状，白色，舌片小，稍超出花盘；两性花淡黄色。瘦果线状披针形，冠毛污白色。花期5—9月。

【原产地】北美洲。

【传入方式】无意传入。

【传播途径】果实上有冠毛，能借风力传播。

【繁殖方式】种子繁殖。

【危害性】蔓延极快，对秋收作物、果园和茶园危害严重。

【防控措施】作物轮作可有效控制该种繁殖和蔓延。

【栖息地类型】旷野、荒地、田边和路旁。

【分布地区】泾源县、原州区、盐池县、隆德县、西吉县、海原县、惠农区、灵武市。

宿根天人菊 | *Gaillardia aristata*

科属：菊科 Asteraceae　天人菊属 *Gaillardia*　别名：车轮菊

【形态特征】多年生草本。茎被粗节毛。基生叶和下部茎生叶长椭圆形或匙形，长3～6 cm，宽1～2 cm，全缘或羽状缺裂，两面被柔毛，叶柄长；中部茎生叶披针形、长椭圆形或匙形，长4～8 cm，基部无柄或心形抱茎。头状花序直径5～7 cm；总苞片披针形，长约1 cm，外面有腺点及密柔毛；舌状花黄色；管状花外面有腺点，裂片长三角形，先端芒状渐尖，被节毛。瘦果长2 mm，被毛；冠毛长2 mm。花果期7—8月。

【原产地】北美洲。

【传入方式】有意引入。

【传播途径】人为引种栽培。

【繁殖方式】种子繁殖。

【危害性】对其他植物有一定的化感作用。

【防控措施】发现逸生植株，在结果前清除。

【栖息地类型】路旁、绿化带及公园、小区绿地。

【分布地区】银川市、泾源县。

牛膝菊 | *Galinsoga parviflora*

科属：菊科 Asteraceae　牛膝菊属 *Galinsoga*　别名：辣子草、向阳花、珍珠草

【形态特征】一年生草本。茎枝被贴伏柔毛和少量腺毛。叶对生，卵形或长椭圆状卵形，长2.5～5.5 cm，叶柄长1～2 cm；向上及花序下部的叶披针形；茎生叶两面疏被白色贴伏柔毛，沿脉和叶柄毛较密，具浅或钝锯齿或波状浅锯齿，花序下部的叶有时全缘或近全缘。头状花序半球形，排成疏散伞房状，花序梗长约3 cm；总苞半球形或宽钟状，直径3～6 mm，总苞片1～2层，外层短，内层卵形或卵圆形，白色，膜质；舌状花4～5，舌片白色；管状花黄色。瘦果具3棱或中央瘦果具4～5棱，成熟时黑色或黑褐色，被白色微毛。花果期7—10月。

【原产地】南美洲。

【传入方式】无意传入。

【传播途径】易随带土苗木传播。

【繁殖方式】种子繁殖。

【危害性】一种难以清除的杂草，适应能力强，对农作物、蔬菜、果树等都有严重影响。

【防控措施】加强检疫，防止传播。

【栖息地类型】河谷、田间或市郊路旁、温室。

【分布地区】银川市、大武口区。

粗毛牛膝菊 | *Galinsoga quadriradiata*

科属：菊科 Asteraceae 牛膝菊属 *Galinsoga* 别名：粗毛小米菊

【形态特征】一年生草本。茎多分枝，具浓密刺芒和细毛。单叶对生，具叶柄，卵形至卵状披针形，叶缘细锯齿状。头状花序多数，顶生，具花梗，呈伞状排列，总苞近球形，绿色；舌状花5，白色；筒状花黄色，多数，具冠毛。瘦果黑色。花果期7—10月。本种与牛膝菊相似，主要区别为茎直立，密被开展的长柔毛，茎顶和花序轴被少量腺毛；对生叶两面被长柔毛，边缘有粗锯齿或犬齿。

【原产地】南美洲。

【传入方式】无意传入。

【传播途径】种子带毛，易随水流、风或动物迁徙和带土苗木传播。

【繁殖方式】种子繁殖。

【危害性】一种难以清除的杂草，适应能力强，对农作物、蔬菜、果树等都有严重影响。

【防控措施】加强检疫，防止传播。

【栖息地类型】河谷、田间或市郊路旁、温室。

【分布地区】泾源县。

茼蒿 *Glebionis coronaria*

科属：菊科 Asteraceae　茼蒿属 *Glebionis*　别名：蓬蒿、菊花菜、蒿菜、同蒿菜

【形态特征】多年生草本，茎高达70 cm，不分枝或自中上部分枝。基生叶花期枯萎，中下部茎生叶长椭圆形或长椭圆状倒卵形，长8~10 cm，无柄，二回羽状分裂。一回为深裂或几全裂，侧裂片4~10对；二回为浅裂、半裂或深裂，裂片卵形或线形。头状花序单生于茎顶或少数生于茎枝顶端，但并不形成明显的伞房花序，花梗长15~20 cm；总苞直径1.5~3 cm；舌片长1.5~2.5 cm。舌状花瘦果有3条突起的狭翅肋，肋间有1~2条明显的间肋；管状花瘦果有1~2条突起的椭圆形肋，肋间有不明显的间肋。花果期6—8月。

【原产地】地中海地区。

【传入方式】有意引入。

【传播途径】人为引种栽培扩散。

【繁殖方式】种子繁殖。

【危害性】作为观赏植物栽培，宁夏未见入侵扩散。

【防控措施】加强检疫，防止传播。

【栖息地类型】路边绿化带、公园绿地。

【分布地区】银川市。

菊 芋 | *Helianthus tuberosus*

科属：菊科 Asteraceae　向日葵属 *Helianthus*
别名：地姜、鬼子姜、洋姜、洋生姜

【形态特征】多年生草本，有块状地下茎及纤维状根。茎高达3 m，有分枝，被白色糙毛或刚毛。叶对生，卵圆形或卵状椭圆形，长10～16 cm，有粗锯齿，离基三出脉，上面被白色粗毛，下面被柔毛，叶脉有硬毛，有长柄；上部叶长椭圆形或宽披针形，基部下延呈短翅状。头状花序单生于枝端，有1～2线状披针形苞片，直立，直径2～5 cm；总苞片多层，披针形，长1.4～1.7 cm，背面被伏毛；舌状花12～20，舌片黄色，长椭圆形，长1.7～3 cm；管状花花冠黄色，长6 mm。瘦果小，楔形，上端有2～4有毛的锥状扁芒。花期8—9月。

【原产地】北美洲。

【传入方式】有意引入。

【传播途径】人为引种栽培。

【繁殖方式】根茎繁殖。

【危害性】多年生宿根植物，扩散至农田易影响作物产量。

【防控措施】严格控制逸生植株，加强利用研究。

【栖息地类型】路边、田野、地埂。

【分布地区】隆德县、海原县、惠农区、平罗县、永宁县、原州区、泾源县。

野莴苣 | *Lactuca serriola*

科属：菊科 Asteraceae　莴苣属 *Lactuca*　别名：毒莴苣、刺莴苣、银齿莴苣

【形态特征】一年生或二年生草本，高0.6~1.8 m。根垂直直伸。茎单生，直立，基部带紫红色，有白色硬刺或无。基部或下部茎生叶披针形或长披针形，长5~17 cm，宽1~1.5 cm；中上部茎生叶渐小，线形、线状披针形或长椭圆形，边缘全缘，全部叶基部箭头形，下面沿中脉常有淡黄色刺毛。头状花序多数，在茎枝顶端排成圆锥花序或总状圆锥花序；舌状小花7~15，黄色。瘦果倒披针形，长3.5 mm，宽约1 mm，每面有6~8条突起的细肋，顶端急尖成细喙，喙长3 mm，细丝状。冠毛白色。花果期8—9月。

【原产地】欧洲中部和南部。

【传入方式】无意传入。

【传播途径】种子混杂在谷物及牧草中传播，亦可随风飘散。

【繁殖方式】种子繁殖。

【危害性】我国进境检疫性杂草，植株含莨菪碱和麻醉物质，可直接毒害家畜。

【防控措施】在果实成熟前人工铲除。

【栖息地类型】河滩、荒地。

【分布地区】泾源县。

黑心金光菊 | *Rudbeckia hirta*

科属：菊科 Asteraceae　金光菊属 *Rudbeckia*　别名：黑眼菊

【形态特征】多年生草本，高0.5~2 m。茎上部有分枝，无毛或稍有短糙毛。叶互生，下部叶具叶柄，不分裂或羽状5~7深裂，中部叶3~5深裂，上部叶不分裂。头状花序单生于枝端，具长花序梗，直径7~12 cm；总苞半球形，总苞片2层，长圆形，长7~10 mm，上端尖，稍弯曲，被短毛；花托球形，托片顶端截形，被毛，与瘦果等长；舌状花金黄色，舌片倒披针形，长约为总苞片的2倍，顶端具2短齿；管状花黄色或黄绿色。瘦果无毛，压扁，稍有4棱，长5~6 mm，顶端有具4齿的小冠。花期7—10月。

【原产地】北美洲。

【传入方式】有意引入。

【传播途径】人为引种栽培。

【繁殖方式】种子繁殖。

【危害性】作为观赏植物栽培，宁夏未见入侵扩散和危害。

【防控措施】严格控制栽培区域。

【栖息地类型】绿化带及公园绿地。

【分布地区】惠农区、灵武市、银川市、泾源县。

金光菊 | *Rudbeckia laciniata*

科属：菊科 Asteraceae　金光菊属 *Rudbeckia*

【形态特征】多年生草本，高50～200 cm，茎上部有分枝。叶互生，不分裂或羽状5～7深裂；中部叶3～5深裂，上部叶不分裂，卵形，顶端尖，全缘或有少数粗齿，背面边缘被短糙毛。头状花序单生于枝端，具长花序梗，直径7～12 cm；总苞半球形，苞片2层，长圆形，长7～10 mm，上端尖，稍弯曲，被短毛；花托球形，托片顶端截形，被毛，与瘦果等长；舌状花金黄色，舌片倒披针形，长约为总苞片的2倍，顶端具2短齿；管状花黄色或黄绿色。瘦果无毛，压扁，稍有4棱，长5～6 mm，顶端有具4齿的小冠。花期7—10月。

【原产地】北美洲。

【传入方式】有意引入。

【传播途径】人为引种栽培。

【繁殖方式】种子繁殖。

【危害性】作为观赏植物栽培，宁夏未见入侵扩散和危害。

【防控措施】严格控制栽培区域。

【栖息地类型】绿化带及公园绿地。

【分布地区】泾源县、隆德县。

欧洲千里光 | *Senecio vulgaris*

科属：菊科 Asteraceae　千里光属 *Senecio*

【形态特征】一年生草本。茎疏被蛛丝状毛至无毛。叶倒披针状匙形或长圆形，长3～11 cm，羽状浅裂至深裂；下部叶基部渐窄成柄，或无柄；中部叶基部半抱茎，两面尤其是下面多少被蛛丝状毛至无毛；上部叶线形，具齿。头状花序无舌状花，排成密集伞房花序，花序梗长0.5～2 cm，有疏柔毛或无毛，具数枚线状钻形小苞片；总苞钟状，长6～7 mm，外层小苞片线状钻形，具黑色长尖头，总苞片18～22，线形，宽0.5 mm，上端变黑色，背面无毛；无舌状花，管状花多数，花冠黄色。瘦果圆柱形，沿肋有柔毛；冠毛白色。花期4—10月。

【原产地】欧洲。

【传入方式】无意传入。

【传播途径】种子随风传播或瘦果混在作物种子或草坪种子中传播。

【繁殖方式】种子繁殖。

【危害性】有毒杂草，危害中耕作物田、蔬菜田、果园和林地。

【防控措施】加强检疫，已发生危害区域在苗期应及时铲除。

【栖息地类型】较湿润的农田、草坪、林地、路边、沟渠以及温室。

【分布地区】彭阳县、泾源县、原州区、隆德县、西吉县、海原县、银川市。

串叶松香草 | *Silphium perfoliatum*

科属：菊科 Asteraceae　松香草属 *Silphium*
别名：松香草、菊花草、法国香槟草

【形态特征】多年生草本，高2～3 m，最高可达3.5 m。根系粗壮，支根多；茎实心，嫩时质脆含汁。叶对生，茎从两片叶中间穿出，卵形，长15～30 cm，宽10～20 cm，先端急尖，下部叶基部渐狭成柄，边缘具粗牙齿。头状花序在茎顶呈伞房状，似菊芋花序，花盘直径2～3 cm，总苞片数层，舌片先端3齿；管状花黄色，两性，不育。种子为心脏形瘦果，扁平。花期6—9月，果期9—10月。

【原产地】北美洲。

【传入方式】有意引入。

【传播途径】人为引种传播。

【繁殖方式】种子繁殖。

【危害性】植株高大，生长迅速，与其他植物竞争营养；此外，会引起猪积累性毒物中毒。

【防控措施】谨慎引种，严格控制栽培区域。

【栖息地类型】公园、农村庭院。

【分布地区】青铜峡市、西吉县。

水飞蓟 | *Silybum marianum*

科属：菊科 Asteraceae　水飞蓟属 *Silybum*　别名：水飞雉、小飞蓟

【形态特征】一年生或二年生草本，高1～2 m。茎直立，分枝，有条棱，茎枝有白色粉质复被物，被稀疏的蛛丝状毛或无毛。莲座状基生叶与下部茎生叶有叶柄，椭圆形或倒披针形，羽状浅裂至全裂；叶两面绿色，具大型白色花斑，边缘或裂片边缘及顶端有坚硬的黄色针刺。头状花序较大，生于枝端，总苞球形或卵球形，直径3～5 cm；总苞片6层，顶端有针刺；小花红紫色。瘦果压扁，长7 mm，宽约3 mm，褐色，有线状长椭圆形深褐色色斑，顶端有果缘，无锯齿。花果期5—10月。

【原产地】地中海地区。

【传入方式】有意引入。

【传播途径】目前作为药材人为引种传播。

【繁殖方式】种子繁殖。

【危害性】宁夏目前未见入侵危害，偶尔在村旁路边见到有逸生。

【防控措施】加强栽培管理，种植过程中应在种子成熟前采收。

【栖息地类型】农田、路边、沟渠边。

【分布地区】泾源县、隆德县。

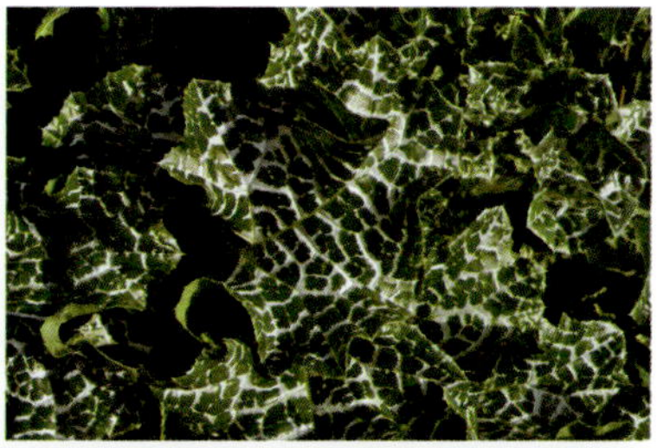

续断菊 | *Sonchus asper*

科属：菊科 Asteraceae　苦苣菜属 *Sonchus*　别名：花叶滇苦菜

【形态特征】一年生草本。茎单生或簇生，茎枝无毛或上部及花序梗被腺毛。叶长椭圆形、倒卵形、匙状或匙状椭圆形，基部圆耳状抱茎；下部叶或茎生叶羽状浅裂、半裂或深裂，侧裂片4～5对；叶、裂片与抱茎圆耳边缘有尖齿刺，两面无毛。头状花序排成稠密伞房花序；总苞宽钟状，长约1.5 cm，总苞片3～4层，绿色，草质，背面无毛，外层长披针形或长三角形，长3 mm，中内层长椭圆状披针形或宽线形，长达1.5 cm；舌状小花黄色。瘦果倒披针形，褐色，两面各有3条细纵肋，肋间无横皱纹；冠毛白色。花果期5—10月。

【原产地】欧洲和地中海地区。

【传入方式】无意传入。

【传播途径】种子可随风飘散或随水流传播。

【繁殖方式】种子繁殖。

【危害性】杂草，危害温室生产、大田作物及草坪。

【防控措施】可用化学药剂进行防控。

【栖息地类型】温室、草坪、林缘及水边。

【分布地区】宁夏各地均有分布。

苦苣菜 | *Sonchus oleraceus*

科属：菊科 Asteraceae　苦苣菜属 *Sonchus*
别名：滇苦菜、苦菜、苦卖菜、苦滇菜

【形态特征】一年生或二年生草本。根圆锥形，垂直直伸，有多数纤维状须根。茎直立，单生。基生叶羽状深裂，长椭圆形或倒披针形。头状花序少数在茎枝顶端排成紧密的伞房花序或总状花序，或单生于茎枝顶端；总苞片顶端长急尖，外面无毛或外层、中内层上部沿中脉有少数头状具柄的腺毛；舌状小花多数，黄色。瘦果褐色，长椭圆形或长椭圆状倒披针形，压扁，每面各有3细脉，肋间有横皱纹，顶端狭，无喙；冠毛白色，长7 mm，彼此纠缠。花果期5—12月。

【原产地】欧洲和地中海地区。

【传入方式】无意传入。

【传播途径】种子可随风飘散或随水流传播。

【繁殖方式】种子繁殖。

【危害性】杂草，危害作物、草坪，影响景观。

【防控措施】可用化学药剂进行防控。

【栖息地类型】山坡、林缘及水边、绿化带、林地。

【分布地区】宁夏各地均有分布。

万寿菊 | *Tagetes erecta*

科属：菊科 Asteraceae　万寿菊属 *Tagetes*　别名：臭芙蓉

【形态特征】一年生草本，高50～150 cm。茎直立，粗壮，具纵细条棱，分枝向上平展。叶羽状分裂，长5～10 cm，宽4～8 cm，裂片长椭圆形或披针形，边缘具锐锯齿；叶缘有少数腺体。头状花序单生，直径5～8 cm，花序梗顶端棍棒状膨大；总苞长1.8～2 cm，宽1～1.5 cm，杯状；舌状花黄色或暗橙色，舌片倒卵形，长1.4 cm，宽1.2 cm，基部收缩成长爪；管状花黄色，长约9 mm，顶端具5齿裂。瘦果线形，基部缩小，黑色或褐色，长8～11 mm，被短微毛；冠毛有1～2长芒和2～3短而钝的鳞片。花期7—9月。

【原产地】北美洲。

【传入方式】有意引入。

【传播途径】作为观赏花卉人为引种栽培。

【繁殖方式】种子繁殖或扦插繁殖。

【危害性】宁夏目前未见入侵危害。

【防控措施】加强栽培管理，若逸生及时清除。

【栖息地类型】路旁绿化带、公园绿地、花坛。

【分布地区】宁夏各地均有栽培，尤其是五一、国庆期间摆花居多。

孔雀草 | *Tagetes patula*

科属：菊科 Asteraceae　万寿菊属 *Tagetes*　别名：红黄草、小万寿菊、臭菊花

【形态特征】一年生草本，高30~100 cm。茎直立，通常近基部分枝，分枝斜开展。叶羽状分裂，长2~9 cm，宽1.5~3 cm，裂片线状披针形，边缘有锯齿，齿端常有长细芒，齿基部通常有1腺体。头状花序单生，直径3.5~4 cm，花序梗长5~6.5 cm，顶端稍增粗；总苞长1.5 cm，宽0.7 cm，长椭圆形，上端具锐齿，有腺点；舌状花金黄色或橙色，带有红色斑；管状花花冠黄色，长10~14 mm，与冠毛等长，具5齿裂。瘦果线形，长8~12 mm，黑色，被短柔毛；冠毛有1~2长芒和2~3短而钝的鳞片。花期7—9月。

【原产地】墨西哥。

【传入方式】有意引入。

【传播途径】作为观赏花卉人为引种栽培。

【繁殖方式】种子繁殖。

【危害性】宁夏目前未见入侵危害，偶有逸生。

【防控措施】加强栽培管理，若逸生及时清理。

【栖息地类型】路旁绿化带、公园绿地、花坛。

【分布地区】隆德县、海原县、灵武市、银川市。

意大利苍耳 | *Xanthium italicum*

科属：菊科 Asteraceae　苍耳属 *Xanthium*

【形态特征】一年生草本，高20～150 cm。茎直立，有脊，粗糙，具毛，通常分枝较多，有紫色斑点。叶单生，下部叶常于节部近对生，上部叶互生，三角状卵形至宽卵形，常有3～5圆裂片。花小，绿色，头状花序单性同株，单性雄蕊或雌蕊；雄花聚成短的穗状或者总状花序，直径约5 mm；多毛的雌花序生于雄花序下方叶腋中，具花2朵。瘦果包于椭圆形总苞中；果实表面密布直立粗大的倒钩刺，刺和体表无毛或者具稀疏腺毛；顶端具2内弯的喙状粗刺，基部具收缩的总苞柄。

【原产地】欧洲和北美洲。

【传入方式】无意传入。

【传播途径】附着在家畜、野生动物体、种子及农副产品包装上传播，也可通过水流远距离传播。

【繁殖方式】种子繁殖。

【危害性】主要危害作物及当地生态系统。

【防控措施】严格检疫，苗期及时铲除。

【栖息地类型】河沟、路旁、田埂。

【分布地区】青铜峡市、银川市。

刺苍耳 | *Xanthium spinosum*

科属：菊科 Asteraceae　苍耳属 *Xanthium*

【形态特征】 一年生草本，高40～120 cm。茎直立，上部多分枝，节上具三叉状棘刺。叶狭卵状披针形或阔披针形，长3～8 cm，宽6～15 mm，边缘3浅裂或不裂，全缘；叶柄细，长7～15 mm，被茸毛。花单性，雌雄同株；雄花序球状，生于上部，总苞片1层，雄花管状，顶端5裂，雄蕊5；雌花序卵形，生于雄花序下部，总苞囊状，长8～14 mm，具钩刺，先端具2喙，内有2花，无花冠，花柱线形，柱头2深裂。总苞内有2个瘦果，长椭圆形。花期8—9月，果期9—10月。

【原产地】 美洲。

【传入方式】 无意传入。

【传播途径】 果实具钩刺，常随人和牛羊皮毛传播，或混在作物种子中散布。

【繁殖方式】 种子繁殖。

【危害性】 杂草，危害作物及生态系统。

【防控措施】 已发生区域应在苗期及时铲除，进出口时加强检疫，特别是防止随进口羊毛带入。

【栖息地类型】 潮湿或季节性潮湿的碱性土壤、荒地、农田边。

【分布地区】 同心县、海原县、原州区、红寺堡区、西夏区。

百日菊 | *Zinnia elegans*

科属：菊科 Asteraceae　百日菊属 *Zinnia*

【形态特征】 一年生草本。茎被糙毛或硬毛。叶宽卵圆形或长圆状椭圆形，长5~10 cm，基部稍心形、抱茎。头状花序直径5~6.5 cm，单生于枝端，花序梗不肥壮；总苞宽钟状，总苞片多层，外层长约5 mm，内层长约1 cm，边缘黑色；舌状花深红色、玫瑰色、紫堇色或白色，舌片倒卵圆形，先端2~3齿裂或全缘，上面被短毛，下面被长柔毛；管状花黄色或橙色，上面被黄褐色密茸毛。舌状花瘦果倒卵圆形，长6~7 mm，扁平，腹面正中和两侧边缘有棱，密被毛；管状花瘦果倒卵状楔形，长7~8 mm，扁，疏被毛，顶端有短齿。花期6—9月，果期7—10月。

【原产地】 墨西哥。

【传入方式】 有意引入。

【传播途径】 人为引种栽培而逸生。

【繁殖方式】 种子繁殖。

【危害性】 有一定的入侵性。

【防控措施】 发现逸生植株及时清除。

【栖息地类型】 绿化带及公园、小区绿地。

【分布地区】 宁夏各地均有分布。

野燕麦 | *Avena fatua*

科属：禾本科 Poaceae　燕麦属 Avena　别名：铃铛麦、乌麦、香麦、燕麦草

【形态特征】一年生草本，高60～120 cm。须根较坚韧。秆直立，光滑无毛，具2～4节。叶鞘松弛，光滑或基部被微毛；叶舌透明，膜质，长1～5 mm；叶片扁平，长10～30 cm，宽4～12 mm，微粗糙，或上面和边缘疏生柔毛。圆锥花序开展，金字塔形，长10～25 cm；小穗长18～25 mm，含2～3朵小花，其柄弯曲下垂，顶端膨胀；外稃质地坚硬，第一外稃长15～20 mm，背面中部以下具淡棕色或白色硬毛，芒自稃体中部稍下处伸出，长2～4 cm，膝曲，芒柱棕色，扭转。颖果被淡棕色柔毛，腹面具纵沟，长6～8 mm。花果期4—9月。

【原产地】欧洲南部和地中海地区。

【传入方式】无意传入。

【传播途径】随风、水流、农机具、牲畜粪肥等传播。

【繁殖方式】种子繁殖。

【危害性】恶性杂草，严重威胁作物生产。

【防控措施】加强检疫，深耕中耕，人工拔除，使用除草剂进行化学防除。

【栖息地类型】荒野、荒山草坡、田间、路边等处。

【分布地区】海原县、隆德县、泾源县、原州区、同心县、彭阳县。

长刺蒺藜草 | *Cenchrus longispinus*

科属：禾本科 Poaceae　蒺藜草属 *Cenchrus*

【形态特征】一年生草本，高20~90 cm。秆圆柱形，中空，有时外倾呈匍匐状。叶鞘扁平，除鞘口缘毛外，其余无毛；叶舌长0.6~1.8 mm；叶片长4~27 cm，宽1.5~5 mm，上面粗糙，下面无毛。穗形总状花序，小穗2~3个簇生成束，外围由不孕小枝愈合形成刺苞，刺苞近球形，长8.3~11.9 mm，宽3.5~6 mm；外轮刺多数，常刚毛状，有时反折，比内轮刺短；内轮刺钻形，长3.5~7 mm，基部宽0.5~0.9 mm；刺苞及刺的下部具柔毛。颖果卵形，长2~3.8 mm，宽1.5~2.6 mm，黄褐色或黑褐色，包藏于刺苞内。

【原产地】美洲。

【传入方式】无意传入。

【传播途径】随水流、牲畜皮毛等传播。

【繁殖方式】种子繁殖。

【危害性】恶性杂草，严重威胁牧草和作物生产，总苞具刺，能刺伤动物表皮。

【防控措施】加强检疫，发现时于苗期及时铲除，或使用除草剂进行化学防除。

【栖息地类型】湖边草地、路边等处。

【分布地区】银川市金凤区良田镇、盐池县冯记沟乡。

芒颖大麦草 | *Hordeum jubatum*

科属：禾本科 Poaceae 大麦属 *Hordeum* 别名：芒麦草

【形态特征】越年生草本，高可达45 cm。秆丛生，平滑无毛，叶鞘下部者长于节间而中部以上者短于节间；叶舌干膜质；叶片扁平，粗糙。穗状花序柔软，绿色或稍带紫色，穗轴成熟时逐节断落，棱边具短硬纤毛；小花通常退化为芒状，稀雄性；外稃披针形。花果期5—8月。

【原产地】北美洲和西伯利亚。

【传入方式】无意传入。

【传播途径】种子借助风力传播，也可附着于动物皮毛、衣物及其他器械上进行扩散。

【繁殖方式】以种子繁殖为主，也可进行营养繁殖。

【危害性】具有广泛的适应性和很强的耐盐碱能力，容易成为多种类型草地的优势植物。

【防控措施】通过机械、生物和化学等方法防除，每种方法都有不同的控制效果。

【栖息地类型】路旁草地、公园绿地、湖边绿地等处。

【分布地区】银川市、中卫市。

多花黑麦草 | *Lolium multiflorum*

科属：禾本科 Poaceae　黑麦草属 *Lolium*

【形态特征】一年生、越年生或短期多年生草本，秆高0.5～1.3 m，具4～5节。叶鞘疏散；叶舌长达4 mm，有时具叶耳；叶片长10～20 cm，宽3～8 mm。穗形总状花序长15～30 cm，宽5～8 mm；穗轴柔软，节间长1～1.5 cm，无毛；小穗具10～15朵小花，长1～1.8 cm，宽3～5 mm；小穗轴节间长约1 mm，无毛；颖披针形，具5～7脉，长5~8 mm，具窄膜质边缘，先端钝，通常与第一小花等长；外稃长约6 mm，具5脉，芒长5（～15）mm，或上部小花无芒；内稃约与外稃等长。颖果长圆形，长为宽的3倍。花果期7—8月。

【原产地】欧洲。

【传入方式】有意引入。

【传播途径】人为引种栽培扩散。

【繁殖方式】种子繁殖。

【危害性】繁殖能力强，容易侵入农田造成危害。

【防控措施】 营养生长期人工铲除或使用除草剂清除。

【栖息地类型】路旁草地、公园绿地、草坪等处。

【分布地区】银川市、泾源县、彭阳县、平罗县。

黑麦草 | *Lolium perenne*

科属：禾本科 Poaceae 黑麦草属 *Lolium*

【形态特征】多年生草本。秆高30~90 cm，具3~4节，基部节上生根。叶舌长约2 mm；叶片线形，长5~20 cm，宽3~6 mm，有时具叶耳。穗状花序长10~20 cm，宽5~8 mm；小穗轴节间长约1 mm，无毛；颖披针形，长为小穗长的1/3，具5脉，具窄膜质边缘。外稃长圆形，长5~9 mm，具5脉，基盘明显，无芒，或上部小穗具短芒，第一外稃长约7 mm；内稃与外稃等长。颖果长约为宽的3倍。花果期5—7月。

【原产地】印度。

【传入方式】有意引入。

【传播途径】人为引种栽培扩散。

【繁殖方式】种子繁殖。

【危害性】繁殖能力强，容易侵入农田造成危害。

【防控措施】 营养生长期人工铲除或使用除草剂清除。

【栖息地类型】路旁草地、公园绿地、草坪等处。

【分布地区】银川市、泾源县、彭阳县、平罗县。

毒 麦 | *Lolium temulentum*

科属：禾本科 Poaceae　黑麦草属 *Lolium*　别名：小尾巴麦、黑麦子、闹心麦

【形态特征】一年生草本，高可达120 cm，无毛。叶片疏松，扁平，质地较薄，无毛，顶端渐尖，边缘微粗糙。穗形总状花序；穗轴增厚，质硬，小穗有小花，小穗轴节间平滑无毛；颖较宽大，质地硬，具狭膜质边缘；外稃椭圆形至卵形，成熟时肿胀，质地较薄，芒于近外稃顶端伸出，粗糙。花果期6—7月。

【原产地】地中海地区、欧洲、亚洲。

【传入方式】无意传入。

【传播途径】混杂于粮食种子中随粮食贸易、种子运输等传播。

【繁殖方式】种子繁殖。

【危害性】常混生于小麦、亚麻、向日葵等作物之中，严重影响作物的产量和质量。

【防控措施】早期拔除，出苗后使用化学药剂有效控制。

【栖息地类型】草坪、绿化带。

【分布地区】银川市。

梯牧草 | *Phleum pratense*

科属：禾本科 Poaceae　梯牧草属 *Phleum*　别名：猫尾草

【形态特征】多年生草本。须根稠密，有短根茎。秆直立，基部常球状膨大并宿存枯萎叶鞘，高40～120 cm，具5～6节。叶鞘松弛，短于或下部者长于节间，光滑无毛；叶舌膜质，长2～5 mm；叶片扁平，两面及边缘粗糙，长10～30 cm，宽3～8 mm。圆锥花序圆柱形，灰绿色，长4～15 cm，宽5～6 mm；小穗长圆形；颖膜质，长约3 mm，具3脉，脊上具硬纤毛，顶端平截，具长0.5～1 mm的尖头；外稃薄膜质，长约2 mm，具7脉，脉上具微毛，顶端钝圆；内稃略短于外稃；花药长约1.5 mm。颖果长圆形，长约1 mm。花果期6—8月。

【原产地】欧洲。

【传入方式】无意传入。

【传播途径】通过草坪草种子调运传播。

【繁殖方式】种子繁殖。

【危害性】草坪杂草，属一般入侵杂草。

【防控措施】控制引种，严格管理。

【栖息地类型】草坪。

【分布地区】银川市。

苏丹草 | *Sorghum sudanense*

科属：禾本科 Poaceae　高粱属 *Sorghum*

【形态特征】一年生草本。须根粗壮；秆较细，高可达2.5 m。叶鞘基部者长于节间，上部者短于节间；叶舌硬膜质，棕褐色；叶片线形或线状披针形，先端渐狭而尖锐，中部以下逐渐收狭，背面隆起，两面无毛。圆锥花序狭长卵形至塔形，较疏松，主轴具棱，花药长圆形，花柱柱头帚状。颖果椭圆形至倒卵状椭圆形。花果期7—9月。

【原产地】非洲。

【传入方式】有意引入。

【传播途径】人为引种栽培。

【繁殖方式】种子繁殖。

【危害性】目前作为牧草栽培，宁夏未见入侵危害。

【防控措施】严格栽培管理，防止逸生。

【栖息地类型】农田、荒地。

【分布地区】盐池县、红寺堡区、同心县。

参考文献

[1] 李叶，林培群，余雪标，等. 外来植物入侵研究 [J]. 广东农业科学，2010，37（5）：156-159.

[2] 李博，徐炳声，陈家宽. 从上海外来杂草区系剖析植物入侵的一般特征 [J]. 生物多样性，2001，9（4）：446-457.

[3] 高增祥，季荣，徐汝梅，等. 外来种入侵的过程、机理和预测 [J]. 生态学报，2003，23（3）：559-570.

[4] 李嵘，邓涛. 云南外来入侵植物现状和防控策略 [J]. 西部林业科学，2021，50（5）：23-35.

[5] 庞立东，阿马努拉·依明尼亚孜，刘桂香. 内蒙古自治区外来入侵植物的问题与对策 [J]. 草业科学，2015，32（12）：2037-2046.

[6] 宋兴江，张文刚，陈晓艳，等. 陕西省外来植物组成与分布现状 [J]. 生态学杂志，2021，40（12）：3800-3809.

[7] Ding J，Mack R N，Lu P，et al. China's booming economy is sparking and accelerating biological invasions[J]. BioScience，2008，58（4）：317-324.

[8] Liu J，Chen H，Kowarik I，et al. Plant invasions in China：An emerging hot topic in invasion science[J]. NeoBiota，2012（15）：27-51.

[9] 万方浩，郭建英，王德辉. 中国外来入侵生物的危害与管理对策 [J]. 生物多样性，2002，10（1）：119-125.

[10] 荆华. 防治外来物种入侵的立法问题研究 [D]. 哈尔滨：东北林业大学，2014.

[11] Weber E, Sun S G, Li B. Invasive alien plants in China: diversity and ecological insights[J]. Biological Invasions, 2008 (10): 1411–1429.

[12] Xu H G, Qiang S, Genovesi P, et al. An inventory of invasive alien species in China[J]. NeoBiota, 2012 (15): 1–26.

[13] 蒙彦良，陈凤新．贸易视角下中国外来植物的变化及其增长预测 [J]. 植物检疫，2020，34（2）：1–8.

[14] 石青，陈雪，罗雪晶，等．京津冀外来入侵植物的种类调查与分析 [J]. 生物安全学报，2017，26（3）：215–223.

[15] 芮振宇．安徽省外来植物入侵现状及环境因子对入侵的影响 [D]. 合肥：安徽农业大学，2019.

[16] 吴雪惠，高丽琴，毛丽云，等．江西省外来植物现状 [J]. 生物安全学报，2021，30（4）：250–255.

[17] 宁夏农业勘查设计院，宁夏畜牧局，宁夏农学院．宁夏植被 [M]. 银川：宁夏人民出版社，1988.

[18] 刘志强．浅谈银川湿地现状与保护措施 [J]. 黑龙江科技信息，2009（31）：230.

[19] 马金双．中国外来入侵植物志 [M]. 上海：上海交通大学出版社，2020.

[20] 马金双．中国外来入侵植物调研报告（上、下卷）[J]. 生命世界，2014（9）：2.

[21] 何家庆．中国外来植物 [M]. 上海：上海科学技术出版社，2012.

[22] 于胜祥，陈瑞辉．中国口岸外来入侵植物彩色图鉴 [M]. 郑州：河南科学技术出版社，2020.

[23] 徐海根，强胜．中国外来入侵生物 [M]. 北京：科学出版社，2011.

[24] 闫小玲，刘全儒，寿海洋，等．中国外来入侵植物的等级划分与地理分布格局分析 [J]. 生物多样性，2014，22（5）：667–676.

[25] 闫小玲．观赏植物引种与外来入侵种研究 [J]. 园艺与种苗，2012（8）：41–45.

[26] 郭婷婷．东北三省外来入侵植物特征分析及风险评价 [D]. 沈阳：沈阳大学，2014.

[27] 刘熊 . 北部湾海岸带外来入侵植物的调查研究 [J]. 绿色科技，2017（6）：134−136.

[28] 曾宪锋，林晓单，邱贺媛，等 . 粤东地区外来入侵植物的调查研究 [J]. 福建林业科技，2009，36（2）：174−179.

[29] 黄建辉，韩兴国，杨亲二，等 . 外来种入侵的生物学与生态学基础的若干问题 [J]. 生物多样性，2003，11（3）：240−247.

[30] 舒易星，施祖荣，王连水，等 . 外来入侵植物及其生物防治 [J]. 仲恺农业工程学院学报，2013，26（1）：64−71.

[31] 蒋奥林，朱双双，陈雨晴，等 . 中国香港外来入侵植物 [J]. 广西植物，2018，38（3）：289−298.

[32] 刘春兴 . 生物入侵的法律对策研究 [D]. 北京：北京林业大学，2007.

[33] 李振宇，解焱 . 中国外来入侵种 [M]. 北京：中国林业出版社，2002 .

[34] 曹婧，徐晗，潘绪斌，等 . 中国草地外来入侵植物现状研究 [J]. 草地学报，2020，28（1）：1−11.

附表　宁夏外来及入侵植物名录

科	种	类别	生活型	原产地	传入方式	分布地区				
						银川市	石嘴山市	吴忠市	固原市	中卫市
松科 Pinaceae	北美短叶松 *Pinus banksiana*	外来植物	乔木	北美洲	有意引入	*				*
胡桃科 Juglandaceae	黑胡桃 *Juglans nigra*	外来植物	乔木	北美洲	有意引入	*				*
杨柳科 Salicaceae	加杨 *Populus × canadensis*	外来植物	乔木	北美洲	有意引入	*	*	*		
	彩叶杞柳 *Salix integra* ‘Hakuro Nishiki’	外来植物	灌木	欧洲	有意引入				*	
壳斗科 Fagaceae	夏栎 *Quercus robur*	外来植物	乔木	欧洲	有意引入	*		*		
桑科 Moraceae	大麻 *Cannabis sativa*	入侵植物	一年生草本	亚洲	有意引入	*		*	*	*
商陆科 Phytolaccaceae	垂序商陆 *Phytolacca americana*	入侵植物	多年生草本	北美洲	有意引入	*		*	*	
紫茉莉科 Nyctaginaceae	紫茉莉 *Mirabilis jalapa*	入侵植物	一年生草本	美洲热带地区	有意引入	*	*			
	夜香紫茉莉 *Mirabilis nyctaginea*	入侵植物	多年生草本	美洲热带地区	自然传播	*				
马齿苋科 Portulacaceae	大花马齿苋 *Portulaca grandiflora*	入侵植物	一年生草本	南美洲	有意引入	*			*	

续表

科	种	类别	生活型	原产地	传入方式	分布地区				
						银川市	石嘴山市	吴忠市	固原市	中卫市
石竹科 Caryophyllaceae	须苞石竹 *Dianthus barbatus*	外来植物	多年生草本	欧洲	有意引入	*				
	肥皂草 *Saponaria officinalis*	外来植物	多年生草本	西亚、欧洲	有意引入	*				
	麦仙翁 *Agrostemma githago*	入侵植物	一年生草本	地中海地区	无意传入	*				
	无瓣繁缕 *Stellaria apetala*	入侵植物	一年生草本	欧洲	无意传入	*	*	*	*	*
	麦蓝菜 *Vaccaria hispanica*	入侵植物	一年生草本	欧洲至亚洲	无意传入	*			*	
藜科 Chenopodiaceae	四翼滨藜 *Atriplex canescens*	入侵植物	灌木	北美洲	有意引入	*		*		
	灰绿藜 *Chenopodium glaucum*	入侵植物	一年生草本	美洲热带地区	无意传入	*	*	*	*	*
	杂配藜 *Chenopodium hybridum*	入侵植物	一年生草本	欧洲、西亚	无意传入	*	*	*	*	*
	刺沙蓬 *Salsola ruthenica*	入侵植物	一年生草本	中亚、西亚、南欧	自然传播	*	*	*	*	*
苋科 Amaranthaceae	凹头苋 *Amaranthus blitum*	入侵植物	一年生草本	美洲热带地区	无意传入	*			*	
	尾穗苋 *Amaranthus caudatus*	入侵植物	一年生草本	美洲	有意引入				*	*

续表

科	种	类别	生活型	原产地	传入方式	分布地区				
						银川市	石嘴山市	吴忠市	固原市	中卫市
苋科 Amaranthaceae	老鸦谷 *Amaranthus cruentus*	入侵植物	一年生草本	美洲	有意引入	*	*			
	绿穗苋 *Amaranthus hybridus*	入侵植物	一年生草本	美洲	无意传入	*		*	*	
	千穗谷 *Amaranthus hypochondriacus*	入侵植物	一年生草本	北美洲	有意引入				*	
	反枝苋 *Amaranthus retroflexus*	入侵植物	一年生草本	美洲	无意传入	*	*	*	*	*
	刺苋 *Amaranthus spinosus*	入侵植物	一年生草本	美洲热带地区	无意传入	*				
	苋 *Amaranthus tricolor*	入侵植物	一年生草本	亚洲	有意引入	*	*			
	皱果苋 *Amaranthus viridis*	入侵植物	一年生草本	美洲热带地区	无意传入	*				
	鸡冠花 *Celosia cristata*	入侵植物	一年生草本	美洲热带地区	有意引入	*	*		*	
	千日红 *Gomphrena globosa*	入侵植物	一年生草本	美洲热带地区	有意引入	*	*			
	细叶千日红 *Gomphrena haageana*	外来植物	一年生草本	美洲热带地区	有意引入		*			
小檗科 Berberidaceae	紫叶小檗 *Berberis thunbergii* ‘Atropurpurea’	外来植物	灌木	亚洲	有意引入	*	*			*

续表

科	种	类别	生活型	原产地	传入方式	分布地区				
						银川市	石嘴山市	吴忠市	固原市	中卫市
罂粟科 Papaveraceae	花菱草 *Eschscholzia californica*	外来植物	多年生草本	美洲	有意引入	*				
	虞美人 *Papaver rhoeas*	外来植物	一年生草本	北非、西亚、欧洲	无意传入	*	*		*	
白花菜科 Cleomaceae	醉蝶花 *Tarenaya hassleriana*	外来植物	一年生草本	美洲热带地区	有意引入	*	*			
十字花科 Brassicaceae	芝麻菜 *Eruca vesicaria* subsp. *sativa*	外来植物	一年生草本	欧洲、西亚、北非	无意传入	*	*	*	*	*
悬铃木科 Platanaceae	一球悬铃木 *Platanus occidentalis*	外来植物	乔木	北美洲	有意引入	*				
	二球悬铃木 *Platanus acerifolia*	外来植物	乔木	欧洲、西亚	有意引入	*	*	*	*	*
	三球悬铃木 *Platanus orientalis*	外来植物	乔木	欧洲、西亚	有意引入	*				
虎耳草科 Saxifragaceae	香茶藨子 *Ribes odoratum*	外来植物	灌木	北美洲	有意引入	*				
蔷薇科 Rosaceae	黑涩石楠 *Aronia melanocarpa*	外来植物	灌木	北美洲	有意引入				*	
	日本晚樱 *Cerasus serrulata* var. *lannesiana*	外来植物	乔木	亚洲	有意引入	*		*		
	北美海棠 *Malus* ‘American’	外来植物	乔木	北美洲	有意引入	*	*	*	*	*

续表

科	种	类别	生活型	原产地	传入方式	分布地区				
						银川市	石嘴山市	吴忠市	固原市	中卫市
蔷薇科 Rosaceae	紫叶稠李 *Padus virginiana*	外来植物	乔木	北美洲	有意引入	*	*	*	*	*
	金叶风箱果 *Physocarpus opulifolius* ‘Lutea’	外来植物	灌木	北美洲	有意引入	*			*	
	紫叶风箱果 *Physocarpus opulifolius* ‘Purpurea’	外来植物	灌木	北美洲	有意引入	*			*	
	俄罗斯红叶李 *Prunus cerasifera* f. *atropurpurea* ‘Russia’	外来植物	乔木	欧洲	有意引入	*			*	
	沙樱桃 *Prunus pumila*	外来植物	灌木	北美洲	有意引入	*				
	紫叶矮樱 *Prunus* × *cistena*	外来植物	灌木	北美洲	有意引入	*	*	*	*	*
	北欧花楸 *Sorbus aucuparia*	外来植物	乔木	欧洲	有意引入	*			*	
	金焰绣线菊 *Spiraea japonica* ‘Goldflame’	外来植物	灌木	北美洲	有意引入	*			*	
	金山绣线菊 *Spiraea japonica* ‘Gold Mound’	外来植物	灌木	北美洲	有意引入	*			*	

续表

科	种	类别	生活型	原产地	传入方式	分布地区				
						银川市	石嘴山市	吴忠市	固原市	中卫市
豆科 Fabaceae	紫穗槐 *Amorpha fruticosa*	入侵植物	灌木	北美洲	有意引入	*	*	*	*	*
	绣球小冠花 *Coronilla varia*	入侵植物	多年生草本	欧洲至地中海地区	有意引入	*		*	*	
	苜蓿 *Medicago sativa*	入侵植物	多年生草本	西亚	有意引入	*	*	*	*	*
	草木樨 *Melilotus officinalis*	入侵植物	二年生草本	西亚至南欧	有意引入	*	*	*	*	*
	白花草木樨 *Melilotus albus*	入侵植物	一、二年生草本	西亚至南欧	有意引入	*	*	*	*	*
	羽扇豆 *Lupinus micranthus*	外来植物	一年生草本	地中海地区	有意引入				*	
	驴食草 *Onobrychis viciifolia*	外来植物	多年生草本	欧洲	有意引入				*	
	曲枝刺槐 *Robinia pseudoacacia* f. *tortuosa*	外来植物	乔木	北美洲	有意引入	*			*	
	金叶刺槐 *Robinia pseudoacacia* 'Frisia'	外来植物	乔木	北美洲	有意引入				*	
	毛洋槐 *Robinia hispida*	外来植物	灌木	北美洲	有意引入	*				
	红花刺槐 *Robinia pseudoacacia* f. *decaisneana*	外来植物	乔木	北美洲	有意引入	*	*	*	*	*

续表

科	种	类别	生活型	原产地	传入方式	分布地区				
						银川市	石嘴山市	吴忠市	固原市	中卫市
豆科 Fabaceae	刺槐 *Robinia pseudoacacia*	入侵植物	乔木	北美洲	有意引入	*	*	*	*	*
	杂种车轴草 *Trifolium hybridum*	入侵植物	多年生草本	西亚、欧洲	有意引入				*	
	红车轴草 *Trifolium pratense*	入侵植物	多年生草本	南非、东南亚	有意引入				*	
	白车轴草 *Trifolium repens*	入侵植物	多年生草本	欧洲、北非	有意引入	*	*	*	*	*
酢浆草科 Oxalidaceae	红花酢浆草 *Oxalis corymbosa*	入侵植物	多年生草本	美洲热带地区	有意引入	*			*	
	紫叶酢浆草 *Oxalis triangularis*‘Urpurea’	入侵植物	多年生草本	南美洲	有意引入	*			*	
旱金莲科 Tropaeolaceae	旱金莲 *Tropaeolum majus*	外来植物	一年生草本	南美洲	有意引入	*			*	
大戟科 Euphorbiaceae	斑地锦草 *Euphorbia maculata*	入侵植物	一年生草本	北美洲	无意传入	*		*		*
	银边翠 *Euphorbia marginata*	入侵植物	一年生草本	北美洲	有意引入	*				
	蓖麻 *Ricinus communis*	入侵植物	一年生草本	东非	有意引入			*	*	
漆树科 Anacardiaceae	花叶火炬树 *Rhus typhina* f. *laciniata*	外来植物	乔木	北美洲	有意引入	*				
	火炬树 *Rhus typhina*	入侵植物	乔木	北美洲	有意引入	*	*	*	*	*

续表

科	种	类别	生活型	原产地	传入方式	分布地区				
						银川市	石嘴山市	吴忠市	固原市	中卫市
槭树科 Aceraceae	火烈鸟梣叶槭 *Acer negundo* ‘Flamingo’	外来植物	乔木	北美洲	有意引入	*				
	花叶梣叶槭 *Acer negundo* var. *variegatum*	外来植物	乔木	欧洲	有意引入	*				
	紫叶挪威槭 *Acer platanoides* ‘Crimson King’	外来植物	乔木	欧洲	有意引入	*				
	梣叶槭 *Acer negundo*	入侵植物	乔木	北美洲	有意引入	*	*		*	*
	金叶梣叶槭 *Acer negundo* ‘Aureum’	外来植物	乔木	北美洲	有意引入	*	*	*	*	*
	红花槭 *Acer rubrum*	外来植物	乔木	北美洲	有意引入	*			*	
凤仙花科 Balsaminaceae	凤仙花 *Impatiens balsamina*	入侵植物	一年生草本	南非至东南亚	有意引入	*			*	*
葡萄科 Vitaceae	五叶地锦 *Parthenocissus quinquefolia*	入侵植物	藤本	北美洲	有意引入	*	*	*	*	*
锦葵科 Malvaceae	苘麻 *Abutilon theophrasti*	入侵植物	一年生草本	亚洲	有意引入	*	*			
	野西瓜苗 *Hibiscus trionum*	入侵植物	一年生草本	非洲	无意传入	*	*	*	*	*
	蜀葵状锦葵 *Malva alcea*	外来植物	多年生草本	欧洲	有意引入				*	
	三月花葵 *Malva trimestris*	外来植物	一年生草本	地中海地区	有意引入				*	

续表

科	种	类别	生活型	原产地	传入方式	分布地区				
						银川市	石嘴山市	吴忠市	固原市	中卫市
胡颓子科 Elaeagnaceae	水牛果 *Shepherdia argentea*	外来植物	灌木	北美洲	有意引入	*				
柳叶菜科 Onagraceae	山桃草 *Gaura lindheimeri*	入侵植物	多年生草本	北美洲	有意引入	*				
	黄花月见草 *Oenothera glazioviana*	入侵植物	二年生至多年生草本	北美洲	有意引入				*	
	美丽月见草 *Oenothera speciosa*	入侵植物	多年生草本	北美洲	有意引入	*				
	月见草 *Oenothera biennis*	入侵植物	二年生草本	北美洲东部	有意引入	*			*	
木樨科 Oleaceae	花叶连翘 *Forsythia suspensa* ‘Variegata’	外来植物	灌木	美洲	有意引入	*			*	
	秋紫白蜡 *Fraxinus americana* ‘Autumn Purple’	外来植物	乔木	北美洲	有意引入	*				
	美国红梣 *Fraxinus pennsylvanica*	外来植物	乔木	北美洲	有意引入	*	*	*	*	*
夹竹桃科 Apocynaceae	长春花 *Catharanthus roseus*	入侵植物	半灌木	非洲	有意引入	*				
萝藦科 Asclepiadaceae	美丽马利筋 *Asclepias speciosa*	外来植物	多年生草本	北美洲中西部	有意引入	*				
花荵科 Polemoniaceae	天蓝绣球 *Phlox paniculata*	外来植物	多年生草本	北美洲东部	有意引入				*	
	针叶天蓝绣球 *Phlox subulata*	外来植物	多年生草本	北美洲	有意引入	*			*	

续表

科	种	类别	生活型	原产地	传入方式	分布地区				
						银川市	石嘴山市	吴忠市	固原市	中卫市
旋花科 Convolvulaceae	牵牛 *Pharbitis nil*	入侵植物	一年生草本	南美洲	有意引入	*				
	圆叶牵牛 *Pharbitis purpurea*	入侵植物	草质藤本	美洲	有意引入	*	*	*	*	
紫草科 Boraginaceae	玻璃苣 *Borago officinalis*	入侵植物	一年生草本	欧洲	有意引入	*				
	聚合草 *Symphytum officinale*	入侵植物	多年生草本	中亚、欧洲	有意引入	*			*	
马鞭草科 Verbenaceae	邱园蓝莸 *Caryopteris×clandonensis* ‘Kew Blue’	外来植物	灌木	欧洲	有意引入	*				
	金叶莸 *Caryopteris×clandonensis* ‘Worcester Gold’	外来植物	灌木	北美洲	有意引入	*			*	
	细叶美女樱 *Glandularia tenera*	外来植物	多年生草本	美洲热带地区	有意引入	*			*	
	柳叶马鞭草 *Verbena bonariensis*	入侵植物	多年生草本	南美洲	有意引入	*	*		*	*
	狭叶马鞭草 *Verbena brasiliensis*	入侵植物	多年生草本	南美洲	无意传入	*	*		*	*
唇形科 Lamiaceae	美国薄荷 *Monarda didyma*	外来植物	多年生草本	美洲	有意引入	*				
	罗勒 *Ocimum basilicum*	入侵植物	一年生草本	亚洲热带地区	有意引入	*				

续表

科	种	类别	生活型	原产地	传入方式	分布地区				
						银川市	石嘴山市	吴忠市	固原市	中卫市
唇形科 Lamiaceae	假龙头花 *Physostegia virginiana*	外来植物	多年生草本	北美洲	有意引入	*			*	
	一串红 *Salvia splendens*	入侵植物	多年生草本	南美洲	有意引入	*	*			
	彩苞鼠尾草 *Salvia viridis*	外来植物	一年生或多年生草本	地中海地区至伊朗	有意引入				*	
	蓝花鼠尾草 *Salvia farinacea*	外来植物	多年生草本	地中海地区及南欧	有意引入	*				
茄科 Solanaceae	曼陀罗 *Datura stramonium*	入侵植物	一年生草本	北美洲	有意引入	*	*	*		*
	假酸浆 *Nicandra physalodes*	入侵植物	一年生草本	南美洲	有意引入	*				
	苦蘵 *Physalis angulata*	入侵植物	一年生草本	南美洲	有意引入	*				
	灯笼果 *Physalis peruviana*	入侵植物	多年生草本	南美洲	有意引入	*	*			
	黄花刺茄 *Solanum rostratum*	入侵植物	一年生草本	北美洲	无意传入		*			
	毛龙葵 *Solanum sarrachoides*	入侵植物	一年生草本	南美洲	无意传入			*		
玄参科 Scrophulariaceae	金鱼草 *Antirrhinum majus*	外来植物	多年生草本	地中海地区	有意引入	*				
	毛地黄 *Digitalis purpurea*	入侵植物	一年生或多年生草本	欧洲	有意引入		*			
	阿拉伯婆婆纳 *Veronica persica*	入侵植物	一年生草本	西亚	无意传入	*			*	

续表

科	种	类别	生活型	原产地	传入方式	分布地区				
						银川市	石嘴山市	吴忠市	固原市	中卫市
忍冬科 Caprifoliaceae	台尔曼忍冬 *Lonicera tellmanniana*	外来植物	藤本	北美洲	有意引入	*				
	白雪果 *Symphoricarpos albus*	外来植物	灌木	北美洲	有意引入	*				
	红王子锦带花 *Weigela florida* 'Red Prince'	外来植物	灌木	北美洲	有意引入	*			*	
菊科 Asteraceae	蓍 *Achillea millefolium*	入侵植物	多年生草本	欧洲	有意引入	*		*		
	藿香蓟 *Ageratum conyzoides*	入侵植物	一年生草本	美洲热带地区	有意引入	*				
	熊耳草 *Ageratum houstonianum*	入侵植物	一年生草本	北美洲	有意引入	*				
	联毛紫菀 *Symphyotrichum novi-belgii*	外来植物	多年生草本	北美洲	有意引入	*				
	婆婆针 *Bidens bipinnata*	入侵植物	一年生草本	美洲	无意传入					*
	大狼杷草 *Bidens frondosa*	入侵植物	一年生草本	北美洲	无意传入	*			*	*
	矢车菊 *Centaurea cyanus*	入侵植物	一年生或二年生草本	南美洲	有意引入	*	*			
	菊苣 *Cichorium intybus*	入侵植物	多年生草本	欧洲、中亚、西亚、北非	有意引入	*				
	大花金鸡菊 *Coreopsis grandiflora*	入侵植物	多年生草本	北美洲	有意引入	*				

续表

科	种	类别	生活型	原产地	传入方式	分布地区				
						银川市	石嘴山市	吴忠市	固原市	中卫市
菊科 Asteraceae	剑叶金鸡菊 *Coreopsis lanceolata*	入侵植物	多年生草本	北美洲	有意引入	*				
	两色金鸡菊 *Coreopsis tinctoria*	入侵植物	一年生草本	北美洲	有意引入	*			*	
	波斯菊 *Cosmos bipinnata*	入侵植物	一年生或多年生草本	北美洲	有意引入	*	*	*	*	*
	硫磺菊 *Cosmos sulphureus*	入侵植物	一年生或多年生草本	北美洲	有意引入	*			*	*
	大丽花 *Dahlia pinnata*	外来植物	多年生草本	北美洲	有意引入	*	*	*	*	*
	松果菊 *Echinacea purpurea*	入侵植物	多年生草本	北美洲	有意引入	*		*	*	
	缨绒花 *Emilia fosbergii*	入侵植物	一年生草本	北美洲	有意引入	*				
	一年蓬 *Erigeron annuus*	入侵植物	一年生或二年生草本	北美洲	无意传入				*	
	小蓬草 *Erigeron canadensis*	入侵植物	一年生草本	北美洲	无意传入	*	*	*	*	*
	宿根天人菊 *Gaillardia aristata*	入侵植物	多年生草本	北美洲	有意引入	*			*	
	牛膝菊 *Galinsoga parviflora*	入侵植物	一年生草本	南美洲	无意传入	*	*			
	粗毛牛膝菊 *Galinsoga quadriradiata*	入侵植物	一年生草本	南美洲	无意传入				*	

续表

科	种	类别	生活型	原产地	传入方式	分布地区				
						银川市	石嘴山市	吴忠市	固原市	中卫市
菊科 Asteraceae	蒿子杆 *Glebionis carinata*	外来植物	一年生草本	非洲	有意引入	*	*	*	*	*
	茼蒿 *Glebionis coronaria*	入侵植物	多年生草本	地中海地区	有意引入	*				
	菊芋 *Helianthus tuberosus*	入侵植物	多年生草本	北美洲	有意引入	*	*		*	*
	莴苣 *Lactuca sativa*	外来植物	一年生草本	地中海地区至西亚	有意引入	*	*	*	*	*
	野莴苣 *Lactuca serriola*	入侵植物	一年生或二年生草本	欧洲	无意传入				*	
	滨菊 *Leucanthemum vulgare*	外来植物	多年生草本	欧洲	有意引入	*			*	
	蛇鞭菊 *Liatris spicata*	外来植物	多年生草本	北美洲	有意引入	*			*	
	黑心金光菊 *Rudbeckia hirta*	入侵植物	多年生草本	北美洲	有意引入	*	*			*
	金光菊 *Rudbeckia laciniata*	入侵植物	多年生草本	北美洲	有意引入				*	
	蛇目菊 *Sanvitalia procumbens*	外来植物	一年生草本	北美洲	有意引入	*				
	欧洲千里光 *Senecio vulgaris*	入侵植物	一年生草本	欧洲	无意传入	*			*	*
	串叶松香草 *Silphium perfoliatum*	入侵植物	多年生草本	北美洲	有意引入			*	*	

续表

科	种	类别	生活型	原产地	传入方式	分布地区				
						银川市	石嘴山市	吴忠市	固原市	中卫市
菊科 Asteraceae	水飞蓟 *Silybum marianum*	入侵植物	一年生或二年生草本	地中海地区	有意引入				*	
	续断菊 *Sonchus asper*	入侵植物	一年生草本	欧洲、地中海地区	无意传入	*	*	*	*	*
	苦苣菜 *Sonchus oleraceus*	入侵植物	一年生或二年生草本	欧洲、地中海地区	无意传入	*	*	*	*	*
	万寿菊 *Tagetes erecta*	入侵植物	一年生草本	北美洲	有意引入	*	*	*	*	*
	孔雀草 *Tagetes patula*	入侵植物	一年生草本	北美洲	有意引入	*			*	*
	意大利苍耳 *Xanthium italicum*	入侵植物	一年生草本	欧洲、北美洲	无意传入	*		*		
	刺苍耳 *Xanthium spinosum*	入侵植物	一年生草本	美洲	无意传入	*		*	*	*
	百日菊 *Zinnia elegans*	入侵植物	一年生草本	北美洲	有意引入	*	*	*	*	*
鸢尾科 Iridaceae	唐菖蒲 *Gladiolus gandavensis*	外来植物	多年生草本	北美洲	有意引入				*	
	黄菖蒲 *Iris pseudacorus*	外来植物	多年生草本	欧洲	无意传入	*			*	

续表

科	种	类别	生活型	原产地	传入方式	分布地区				
						银川市	石嘴山市	吴忠市	固原市	中卫市
禾本科 Poaceae	丝带草 *Phalaris arundinacea* var. *picta*	外来植物	多年生草本	美洲、欧洲	有意引入	*		*		
	野燕麦 *Avena fatua*	入侵植物	一年生草本	欧洲、地中海地区	无意传入			*	*	
	长刺蒺藜草 *Cenchrus longispinus*	入侵植物	一年生草本	美洲	无意传入	*		*		
	芒颖大麦草 *Hordeum jubatum*	入侵植物	越年生草本	北美洲、西伯利亚	无意传入	*				*
	多花黑麦草 *Lolium multiflorum*	入侵植物	一年生、越年生或多年生草本	欧洲	有意引入	*	*		*	
	黑麦草 *Lolium perenne*	入侵植物	多年生草本	亚洲	有意引入	*	*		*	
	毒麦 *Lolium temulentum*	入侵植物	一年生草本	地中海地区、欧洲、亚洲	无意传入		*			
	梯牧草 *Phleum pratense*	入侵植物	多年生草本	欧洲	无意传入	*				
	苏丹草 *Sorghum sudanense*	入侵植物	一年生草本	非洲	有意引入			*		
美人蕉科 Cannaceae	大花美人蕉 *Canna × generalis*	外来植物	多年生草本	美洲热带地区	有意引入	*	*			
	美人蕉 *Canna indica*	外来植物	多年生草本	亚洲	有意引入	*	*			

中文名索引

一画

二画

三画

四画

五画

六画

七画

八画

九画

十画

十一画

十二画

十三画

十四画

十五画

十九画

拉丁名索引

A

B

C

D

E

F

G

H

I

J

L

M

N

O

P

Q

R

S

T